Zur Einführung.

Die **Werkstattbücher** behandeln das Gesamtgebiet der Werkstattstechnik in kurzen selbständigen Einzeldarstellungen; anerkannte Fachleute und tüchtige Praktiker bieten hier das Beste aus ihrem Arbeitsfeld, um ihre Fachgenossen schnell und gründlich in die Betriebspraxis einzuführen.

Die Werkstattbücher stehen wissenschaftlich und betriebstechnisch auf der Höhe, sind dabei aber im besten Sinne gemeinverständlich, so daß alle im Betrieb und auch im Büro Tätigen, vom vorwärtsstrebenden Facharbeiter bis zum leitenden Ingenieur, Nutzen aus ihnen ziehen können.

Indem die Sammlung so den einzelnen zu fördern sucht, wird sie dem Betrieb als Ganzem nutzen und damit auch der deutschen technischen Arbeit im Wettbewerb der Völker.

Bisher sind erschienen:

Heft 1: **Gewindeschneiden.** 2. Aufl. Von Oberingenieur O. M. Müller.

Heft 2: **Meßtechnik.** 3. Aufl. (15.—21. Tausd.) Von Professor Dr. techn. M. Kurrein.

Heft 3: **Das Anreißen in Maschinenbauwerkstätten.** 2. Aufl. (13.—18. Tausend.) Von Ing. Fr. Klautke.

Heft 4: **Wechselräderberechnung für Drehbänke.** 2. Aufl. (7.—12. Tausend.) Von Betriebsdirektor G. Knappe.

Heft 5: **Das Schleifen der Metalle.** 2. Aufl. Von Dr.-Ing. B. Buxbaum.

Heft 6: **Teilkopfarbeiten.** 2. Aufl. (13. bis 18. Tausend.) Von Dr.-Ing. W. Pockrandt.

Heft 7: **Härten und Vergüten.** 1. Teil: Stahl und sein Verhalten. 3. Aufl. (18.—24. Tausend.) Von Dr.-Ing. Eugen Simon.

Heft 8: **Härten und Vergüten.** 2. Teil: Praxis der Warmbehandlung. 3. Aufl. (18.—24. Tausend.) Von Dr.-Ing. Eugen Simon.

Heft 9: **Rezepte für die Werkstatt.** 3. Aufl. (17.-22. Tausend.) Von Dr. Fritz Spitzer.

Heft 10: **Kupolofenbetrieb.** 2. Aufl. Von Gießereidirektor C. Irresberger.

Heft 11: **Freiformschmiede.** 1. Teil: Grundlagen, Werkstoff der Schmiede. — Technologie des Schmiedens. 2. Aufl. (7. bis 12. Tausend.) Von F. W. Duesing und A. Stodt.

Heft 12: **Freiformschmiede.** 2. Teil: Schmiedebeispiele. 2. Aufl. (7.—11. Tausend.) Von B. Preuß und A. Stodt.

Heft 13: **Die neueren Schweißverfahren.** 3. Aufl. (13.—18. Tausend.) Von Prof. Dr.-Ing. P. Schimpke.

Heft 14: **Modelltischlerei.** 1. Teil: Allgemeines. Einfachere Modelle. 2. Aufl. (7. bis 12. Tausend.) Von R. Löwer.

Heft 15: **Bohren.** 2. Aufl. (8.—14. Tausend.) Von Ing. J. Dinnebier und Dr.-Ing. H. J. Stoewer.

Heft 16: **Reiben und Senken.** Von Ing. J. Dinnebier.

Heft 17: **Modelltischlerei.** 2. Teil: Beispiele von Modellen und Schablonen zum Formen. Von R. Löwer.

Heft 18: **Technische Winkelmessungen.** Von Prof. Dr. G. Berndt. 2. Aufl. (5.—9. Tausend.)

Heft 19: **Das Gußeisen.** 2. Aufl. Von Obering. Chr. Gilles.

Heft 20: **Festigkeit und Formänderung.** 1. Teil: Die einfachen Fälle der Festigkeit. Von Dr.-Ing. Kurt Lachmann.

Heft 21: **Einrichten von Automaten.** 1. Teil: Die Systeme Spencer und Brown & Sharpe. Von Ing. Karl Sachse.

Heft 22: **Die Fräser.** Von Ing. Paul Zieting.

Heft 23: **Einrichten von Automaten.** 2. Teil: Die Automaten System Gridley (Einspindel) und Cleveland und die Offenbacher Automaten. Von Ph. Kelle, E. Gothe, A. Kreil.

Heft 24: **Stahl- und Temperguß.** Von Prof. Dr. techn. Erdmann Kothny.

Heft 25: **Die Ziehtechnik in der Blechbearbeitung.** 2. Aufl. (8.—13. Tausend.) Von Dr.-Ing. Walter Sellin.

Heft 26: **Räumen.** Von Ing. Leonhard Knoll.

Heft 27: **Einrichten von Automaten.** 3. Teil: Die Mehrspindel-Automaten. Von E. Gothe, Ph. Kelle, A. Kreil.

Heft 28: **Das Löten.** Von Dr. W. Burstyn.

Heft 29: **Kugel- und Rollenlager.** (Wälzlager.) Von Hans Behr.

Heft 30: **Gesunder Guß.** Von Prof. Dr. techn. Erdmann Kothny.

Heft 31: **Gesenkschmiede.** 1. Teil: Arbeitsweise und Konstruktion der Gesenke. Von Ph. Schweißguth.

Fortsetzung des Verzeichnisses der bisher erschienenen sowie Aufstellung der in Vorbereitung befindlichen Hefte siehe 3. Umschlagseite.

Jedes Heft 48—64 Seiten stark, mit zahlreichen Textabbildungen.
Preis: RM 2.— oder, wenn vor dem 1. Juli 1931 erschienen, RM 1.80 (10% Notnachlaß).
Bei Bezug von wenigstens 25 beliebigen Heften je RM 1.50.

WERKSTATTBÜCHER
FÜR BETRIEBSBEAMTE, KONSTRUKTEURE
UND FACHARBEITER
===== HEFT 19 =====

Das Gußeisen

Seine Herstellung, Zusammensetzung,
Eigenschaften und Verwendung

Von

Obering. Chr. Gilles

Zugleich zweite Auflage
des zuerst von Joh. Mehrtens bearbeiteten Heftes

Mit 33 Abbildungen im Text

Springer-Verlag Berlin Heidelberg GmbH
1936

ISBN 978-3-642-89018-5   ISBN 978-3-642-90874-3 (eBook)
DOI 10.1007/978-3-642-90874-3

Erklärung zu Werkstattbuch 19 „Gilles, Gußeisen".

Das vorliegende Buch dient als Ersatz für mein 1925 erschienenes Werkstattheft „Das Gußeisen". Ich war an der Bearbeitung der neuen Auflage verhindert, die letztere ist aber mit meinem Einverständnis erschienen.

Joh. Mehrtens VDI.

Inhaltsverzeichnis.

	Seite
Einleitung	3
I. Begriff des Werkstoffes Gußeisen	3
II. Das Gießereiroheisen und die übrigen Einsatzrohstoffe	3
A. Allgemeines über die Roheisenherstellung	3
B. Einteilung der Gießereiroheisen und ihre Analysen	4
C. Sonstige Einsatzrohstoffe	7
III. Die Zusammensetzung und Gattierung	8
A. Einfluß der Eisenbegleiter	8
B. Die Zusammensetzung des Einsatzes (Gattierung) und des Schmelzerzeugnisses	10
C. Zustands- und Gefügeschaubilder	12
D. Erstarrungserscheinungen	15
E. Die Anwendung der Metallographie	16
IV. Das Schmelzen	20
A. Der Kupolofen	20
B. Der Schmelzkoks und die Zuschläge	21
C. Der Schmelzprozeß im Kupolofen	22
D. Sonstige Schmelzöfen	24
V. Formen und Gießen	25
A. Formstoffe und Einrichtungen	25
B. Die verschiedenen Formarten	27
C. Einiges zum Aufbau der Formen und zum Gießen	27
D. Maschinenformerei	30
E. Dauerformen	30
F. Putzen und Beizen	31
VI. Das Fertigerzeugnis	31
A. Die verschiedenen Gußarten	31
B. Eigenschaften und Prüfung	35
C. Warmbehandlung des Fertigerzeugnisses	42
D. Konstruktions- und Anwendungsfragen	43

Alle Rechte, insbesondere das der Übersetzung in fremde Sprachen, vorbehalten.

Einleitung.

Der Inhalt des vorliegenden Heftes betrifft die Herstellung, Zusammensetzung, die Eigenschaften und Verwendung von Gußeisen. In dem vorgeschriebenen Rahmen mußte der Verfasser sich darauf beschränken, einen knapp gehaltenen Leitfaden zu bringen, der aber doch alles Wissenswerte über den Werkstoff Grauguß und seine Herstellung berücksichtigt. Sowohl dem vorwärts strebenden Former und Meister wie auch dem jungen Gießereitechniker und Ingenieur soll die Arbeit Fingerzeige über die einzelnen Arbeitsvorgänge im Betriebe geben und dem Konstrukteur das nötige Verständnis für die Eigenheiten der Gußeisenerzeugung und des Werkstoffes selbst vermitteln. Als wertvolle Ergänzung zu diesen Ausführungen seien die folgenden Werkstattbücher genannt: Heft 10 Kupolofenbetrieb von Irresberger, Heft 30 Gesunder Guß von Kothny, Hefte 14 und 17 Modelltischlerei von Löwer und Heft 37 Modellplattenherstellung von Brobeck.

I. Begriff des Werkstoffes Gußeisen.

Gußeisen oder Grauguß ist eine mit Fremdkörpern durchsetzte Eisenlegierung, die die dem reinen Eisen eigentümliche Schmiedbarkeit nicht hat, dafür aber bei einer verhältnismäßig niedrigen Temperatur schmilzt und geeignet ist, zu allen erdenklichen Gebrauchsgegenständen von kleinsten Teilen bis zu Stücken größten Ausmaßes vergossen zu werden. Den wichtigsten Einfluß auf die Beschaffenheit des Eisens übt der Kohlenstoff aus. Im Gußeisen ist er bis zu 4% anwesend, seine untere Grenze liegt bei etwa 2,5%. Gußeisen mit weniger als 2,5% Kohlenstoff wird seltener erzeugt, es beginnt bei diesem Kohlenstoffgehalt seinen Graugußcharakter zu verlieren. Bei 2% Kohlenstoff fängt die Warmschmiedbarkeit an und bei weiterer Verringerung der Kohle entsteht Stahl: schmiedbares Eisen. Neben Kohlenstoff hat Gußeisen immer Beimengungen von Silizium, Mangan, Phosphor und Schwefel, außer anderen, gelegentlich auftretenden. Auf den Einfluß aller dieser Elemente auf die Beschaffenheit des Gußeisens wird im Kapitel Zusammensetzung und Gattierung näher eingegangen werden.

II. Das Gießereiroheisen und die übrigen Einsatzrohstoffe.

A. Allgemeines über die Roheisenherstellung.

Roheisen als Gußeisen. Roheisen ist bereits Gußeisen, als solches „erster Schmelzung"; es wird hergestellt in Hochöfen — Gebläseschachtöfen — durch Schmelzen der Eisenerze mit Holzkohlen oder Koks. In früheren Zeiten, als noch keine besonderen Ansprüche an die Gußstücke gestellt wurden, vergoß man Roheisen unmittelbar zu Gußwaren und auch heute noch bestehen Hüttenanlagen, die gestatten, das flüssige Roheisen unmittelbar oder auch mit Kupolofeneisen gemischt zum Guß von Röhren u. a zu verwenden. In den meisten Fällen jedoch wird Roheisen zu Maseln und Barren vergossen, die die Form des Grundstoffes bilden für die Gußeisenerzeugung, die wiederum hauptsächlich im Kupolofen — im Gießereischachtofen — als Gußeisen „zweiter Schmelzung" vor sich geht.

Die Eisenerze. Die in der Erde lagernden Eisenerze sind zusammengesetzt aus den eigentlichen Verbindungen Eisen—Sauerstoff und mehr oder weniger großen Mengen Kalk, Kieselsäure, Tonerde, Phosphor- und Schwefelsäure u. a.

Die wichtigsten für Roheisenerzeugung in Frage kommenden Eisenerze sind folgende:

1. Der Magneteisenstein, Eisenoxyduloxyd ($FeOFe_2O_3$) mit einem Eisengehalt von 60 ... 70%, ein reiches und reines Erz, dessen Vorkommen in Deutschland leider nicht von großer Bedeutung ist. Dagegen verfügen Schweden und Norwegen über große Lagerstätten dieses Erzes, von wo auch unsere Hochöfen beträchtliche Mengen beziehen.

2. Der Roteisenstein, Eisenoxyd (Fe_2O_3) mit einem Eisengehalt von 40 bis 60%, zum Teil auch darüber, phosphorarm. In Deutschland an Sieg, Lahn und Dill in nicht geringem Ausmaße gelegen, zum Teil auch im Harz und in Thüringen; wird neuerdings wieder stärker gefördert.

3. Der Brauneisenstein, Eisenhydroxyd ($2 Fe_2O_3 \ 3 H_2O$) mit 30 ... 40% Eisen, teils aber auch erheblich höher, kommt im Harz, im schwäbischen und fränkischen Jura vor. Als Hauptvertreterin dieser Erzart galt für uns die in Lothringen und Luxemburg in so überaus reichem Maße vorkommende stark phosphorhaltige Minette. Bis zum Ausgang des Krieges konnten die deutschen Hochofenwerke mit Minette aus Lothringen ausreichend versorgt werden.

4. Der Spateisenstein, Eisenkarbonat ($FeCO_3$) mit einem Eisengehalt von 30 ... 40%, ist ein wegen seines Mangangehaltes wichtiges Erz. Leider auch in Deutschland selten, von einiger Bedeutung im Siegerland.

Es ist natürlich besonders wirtschaftlich, wenn diese Erze in dem Zustande verschmolzen werden können, in dem sie der Bergbau liefert. Oft ist aber eine vorherige Aufbereitung nötig, eine Reinigung von ungeeigneten Bestandteilen durch Erzwäsche und magnetische Sonderung. Eine weitere vorbereitende Arbeit ist das Rösten. Dabei werden die Erze in besonderen Rostöfen unter ungehindertem Zutritt der Luft bis zur Glühhitze gebracht, aber nicht bis zum Schmelzen. Der Zweck ist, die Erze derart chemisch zu verändern, daß sie leichter und billiger verschmolzen werden können.

Nach dem Verlust Lothringens, dieses so außerordentlich reichen Erzgebietes, sind wir gezwungen, einmal mehr ausländische Erze zu verhütten, dann aber auch solche inländischen, die weniger ergiebig sind und geringere Eisengehalte aufweisen. Es ist und bleibt die große Aufgabe für den Hüttenmann, der Verwendung einheimischer Erze, deren Abbau früher weniger wirtschaftlich erschien, seine ganze Aufmerksamkeit zuzuwenden und es darf gesagt werden, daß in dieser Beziehung bereits eine erfreuliche Vorwärtsentwicklung eingesetzt hat.

Der Hochofenprozeß. Im Hochofenprozeß hat der Hüttenmann das Eisen von den unnützen und schädlichen Verbindungen und Beimengungen zu trennen, die teils verflüchtigen, teils in die Schlacke übergeführt werden. Bei diesem Schmelzprozeß nimmt das Eisen aus dem Brennstoff Kohlenstoff auf und wird hierdurch zu Roh- und Gußeisen. Seine Eigenschaften und Zusammensetzung sind naturgemäß in hohem Maße abhängig von der Güte und der Zusammensetzung der Eisenerze, doch hat man im Verhüttungsprozeß selbst auch einen erheblichen Einfluß auf den Ausfall des Enderzeugnisses.

B. Einteilung der Gießereiroheisen und ihre Analysen.

Gesichtspunkte der Einteilung. Sieht man von dem in Deutschland jetzt nur noch in geringen Mengen hergestellten Holzkohlenroheisen, dem wegen seiner Reinheit alte Eisengießer heute noch besonders gute Eigenschaften nachrühmen, ab, so verbleibt als gröbste Einteilung des Gießereieisens diejenige nach grauem und weißem Eisen, und dazwischenliegend „meliertes" (gemischtes) Eisen nach dem Aussehen des Bruches.

Das graue Bruchaussehen ist in der Hauptsache zurückzuführen auf einen bestimmten Gehalt an Silizium, der bewirkt, daß der im Roheisen anwesende Kohlenstoff zu Graphit ausscheidet (wodurch das Eisen weich wird). Der Si-Gehalt darf jedoch etwa 3% nicht überschreiten. Ein weißes Bruchgefüge entsteht bei geringem Si-Gehalt, etwa bei 1% und darunter. Wie aber bei dem Kapitel Gattierungen noch näher erörtert wird, hat außer dem Silizium die Abkühlung des gegossenen Eisens einen erheblichen Einfluß auf die Graphitbildung. Auf die Entstehung weißen Bruchgefüges wirkt Mangan, das im Gegensatz zu Silizium den Kohlenstoff verhindert, als solcher selbständig im Eisen zu erscheinen, und ihn zwingt, in einer Verbindung mit dem Eisen, dem Eisenkarbid, zu bleiben, der das Eisen hart macht.

Aus den Möglichkeiten der Wechselwirkungen zwischen Silizium, Mangan und Abkühlung ist bereits zu ersehen, daß die Einteilung oder gar Beurteilung des Eisens nach dem Bruchaussehen und der Korngröße nur oberflächlich sein und zu folgenschweren Trugschlüssen führen kann. Eine genauere, heute noch allgemein in den Eisengießereien gebräuchliche Einteilung des Roheisens unterscheidet in der Hauptsache folgende Grundmarken: Hämatit, Gießereiroheisen I, Gießereiroheisen III, Luxemburger Gießereiroheisen, gegebenenfalls eine Zwischenmarke zwischen den beiden letzten und als Zusatzeisen ein Siegerlander Sondereisen, wozu noch ein kohlenstoffarmes Sondereisen kommt.

Die Hauptmerkmale dieser Roheisenmarken sind: bei Hämatit ein niedriger Phosphorgehalt, höchstens 0,1%. Den Unterschied zwischen Gießereieisen I und III bildet der Siliziumgehalt, der bei I bei etwa 2,3...3% liegt, auch der Phosphorgehalt soll bei I geringer sein als bei III, ebenso der Schwefelgehalt. Luxemburger ist ein Roheisen mit besonders hohem Phosphorgehalt etwa 1,5 bis 1,8%, und die Zwischenmarke zwischen Gießereiroheisen III und Luxemburger, — früher auch „Ersatz Englisch" genannt — hat einen mittleren Phosphorgehalt von etwa 1...1,2%. Siegerländer Zusatzeisen sind gekennzeichnet durch ihren verhältnismäßig hohen Mangangehalt, der zwischen 2 und 5% liegt. Kohlenstoffarmes Sondereisen hat, wie der Name bereits sagt, einen niedrigen Kohlenstoffgehalt von 2,2...2,8%, der durch Mischen flüssigen Stahls mit Roheisen aus dem Hochofen entsteht, das an sich selten einen niedrigeren Kohlenstoffgehalt als 3% hat.

Roheisenanalysen. In dieser Einteilung sehen wir also eine Unterscheidung nach Merkmalen analytischer Natur, wobei die Menge dieses oder jenes Eisenbegleiters den Ausschlag gibt. Die sicherste Unterlage aber für die Beurteilung des Roheisens ist die Untersuchung auf alle seine Bestandteile. Nur die Gesamtanalyse gibt Aufschluß über die Beschaffenheit, und bei der Erzeugung hochbeanspruchter Gußstücke ist ihre Anwendung unumgänglich.

In folgender Zahlentafel ist die chemische Zusammensetzung von Roheisenmarken zusammengestellt, wie sie in den deutschen Eisengießereien ständig verbraucht werden. Noch bis 1914 gab es eine Reihe von Gießereien, die Besonderheiten, z.B. Zylinder für Dampfmaschinen und Gasmotore, herstellten und glaubten, ohne englische Sonderroheisenmarken nicht auskommen zu können, bis der Weltkrieg sie zwang, andere Wege zu suchen und auch zu finden. Die deutschen Roheisen und die Anwendung aller erforderlichen Mittel der Gießkunst genügen, um Guß zu erzeugen, der höchsten Ansprüchen genügen soll. In der Zahlentafel sind zum Vergleich auch einige Analysen ausländischer Roheisenmarken angeführt.

Analysen von Gießereiroheisen, Zusatz- und Sondereisen:

Bezeichnung	Herkunft	C	Si	Mn	P	S
Hämatit	Niederrheinische Hütte	3,8...4,0	2,5...3,0	0,8...1,0	0,07	0,03
Hämatit	Niederrheinische Hütte	3,4...3,7	2,00	1,00	0,08	0,05
Hämatit	Eisenwerk Kraft Kratzwick	3,8...4,1	3,0...4,0	0,80	0,06	0,02
Hämatit	Eisenwerk Kraft Kratzwick	3,6...4,0	3,0...3,5	1,1	0,10	0,04
Hämatit	Hochofenwerk Lübeck	4,0	2,5...4	0,7	0,08	0,02
Hämatit	Gutehoffnungshütte	—	2,0...2,5	1...1,3	0,10	0,025
Gießereieisen I	Buderus	3,8...4	2,5...3,5	0,5...0,8	0,5...0,7	—
Gießereieisen I	Hochofenwerk Lübeck	4,0	2,0...3,0	0,7	0,3	0,03
Gießereisen I	Gutehoffnungshütte	—	2,0...2,5	1,0	—	0,04
Gießereisen I	Niederrheinische Hütte	3,6...3,8	2,8	0,8	0,4...0,7	0,08
Gießereisen I	Norddeutsche Hütte	3,8	2,2...2,75	0,75	0,5...0,9	0,04
Gießereisen I	Krupp	3,6...4	1,8...2,6	0,6...0,8	0,5	0,05
Gießereieisen III	Niederrheinische Hütte	3,7	2,2	0,75	0,75	0,03
Gießereieisen III	Eisenwerk Kraft	3,5...3,8	2,5	0,7...1	1,0	0,05
Gießereieisen III	Hochofenwerk Lübeck	4,0	2,0...3,0	0,7	0,6	0,04
Gießereieisen III	Gutehoffnungshütte	—	1,8...2,5	1	0,8...1	0,04
Gießereieisen III	Gutehoffnungshütte	—	2,0...2,5	0,6	0,5	0,03
Gießereieisen III	Krupp	3,6...4	1,8...2,2	0,7	0,5	0,05
Luxemburger III		3,7	2,4	0,4	1,7	0,02
Luxemburger IV		3,6	1,9	0,5	1,75	0,03
Luxemburger V		3,4	1,4	0,5	1,85	0,04
Luxemburger	Lothringen	—	2,0...2,25	0,3...0,4	1,7...1,85	0,01...0,03
Luxemburger III		3,7	2...2,3	0,6	1,8...2	0,04
Luxemburger IV		3,4	1,5	0,6	1,9	0,05
Ersatz Englisch III	Donnersmarckhütte	3,5	2,5	0,8	1,2	0,02
Ersatz Englisch III	Hochofenwerk Lübeck	3,8	2,5	0,75	1,1	0,02
Ersatz Englisch III	Mathildenhütte	3,7	1,8	0,5	1,3	0,03
Ersatz Englisch III	Amberg	3,6	2,8	0,3	1,35	0,05
Siegerländer Zusatzeisen	Birlenbach	3,2	2,3	2,8	0,2	0,08
Siegerländer Zusatzeisen	Birlenbach	3,3	0,8	4,2	0,2	0,08
Siegerländer Zusatzeisen	Niederdreibach	3,2	2,0	2,5	0,35	0,08
Kohlenstoffarmes Roheisen	Concordiahütte	2,5...2,8	1,1...1,8	0,6...0,8	0,1	0,03
Kohlenstoffarmes Roheisen	Concordiahütte	2,5...2,8	1,5...1,8	0,6...0,8	0,5...1,0	0,05
Kohlenstoffarmes Roheisen	Friedrich-Wilhelm-Hütte	2,2...2,8	1,3...1,8	0,6...0,9	0,06...0,09	0,03
Kohlenstoffarmes Roheisen	Friedrich-Wilhelm-Hütte	2,2...2,8	1,3...1,8	0,6...0,9	0,3...0,6	0,03
Clarence III	England	—	2.7	0,6	1,5	0,04
Cheveland III	England	—	2,8	0,6	1,55	0,04
Summetler III	Schottland	—	3,1	0,7	0,8	0,025
Schottisch Hämatit	Schottland	—	1,55	0,88	0,025	0,03
Sondereisen Frodeir	England	3,15	1,2	1,3	1,1	0,07
Sondereisen Frodeir	England	3,1	1,0	0,8	0,34	0,1
Sondereisen Bearcliffe	England	3,5	1,0	0,85	0,04	0,03

Aus der Aufstellung ist zu ersehen, wie verschiedenartig die Zusammensetzung für die gleiche Markenbezeichnung sein kann, woraus sich ergibt, daß von jedem Eisenbahnwagen Roheisen von der verbrauchenden Eisengießerei eine sorgfältige Durchschnittsanalyse genommen werden muß, um unangenehme Überraschungen in der Fertigung zu vermeiden.

C. Sonstige Einsatzrohstoffe.

Gußbruch. Es ist notwendig, den täglichen Entfall bei der Fertigung an Ausschuß, Trichtern und Eingüssen möglichst beim nächsten Guß wieder mitzuverwenden. Da in größeren und gut geleiteten Gießereien täglich Analysen der verschiedenen Gußarten der letzten Schmelzung gemacht werden, kennt man hier die Zusammensetzung des eigenen Abfallstoffes ganz genau; dagegen ist es mit Verwendung von bezogenem Gußbruch, an der man aus wirtschaftlichen Gründen meistens nicht vorbeikommt, nicht einfach, diesen Bruch für besonders hochwertige Gußstücke mit einzuschmelzen. Es muß dann danach gestrebt werden, der Fertigung verwandten Bruch zu beschaffen, z. B. beim Gießen von Autozylindern den Bruch von solchen. Bei gewöhnlichen Gußarten dagegen können die Bedenken etwas zurücktreten; beim Kapitel Gattierung wird zu der Angelegenheit noch Näheres gesagt werden. Aber jetzt soll schon erwähnt werden, daß der Gußbruch von allen fremden Beimengungen von Metallstücken jeder Art, auch von emaillierten, verchromten, vernickelten Gußstücken freizuhalten ist.

Stahl- und Flußeisenschrott. Die Benutzung von Stahl und Flußeisenschrott als Zusatzstoff für bestimmte Zwecke ist in den Gießereien seit Jahrzehnten üblich, aber erst in den letzten Jahren hat man diesen an sich sehr reinen Rohstoff in größerem Maße verwendet, nachdem man gelernt hat, einiger bei seiner Verarbeitung auftauchender Schwierigkeiten Herr zu werden.

Es ist auch hier darauf zu achten, daß diesem Abfallstoff keine fremden Metalle oder sonstigen Beimengungen anhaften, auch der anhaftende Rost darf nicht übermäßig stark sein, wenn Störungen vermieden werden sollen.

Nachstehend einige Analysen von Stahl und Flußeisen sowie Stahlguß:

Bezeichnung	C	Si	Mn	P	S
Schmiedeeisenschrott ...	0,12	—	0,35	0,08	0,04
Eisenbahnschienen	0,4	0...0,2	0,9	0,06	0,05
Stahlformguß	0,35	0,2	0,50	0,04	0,1
,, ...	0,40	0,32	0,6	0,05	0,045
,, ...	0,55	0,26	0,85	—	—

Ferrolegierungen. An dieser Stelle sollen nur die beiden in der Eisengießerei gebräuchlichen Zusatzlegierungen erwähnt werden, und zwar Ferrosilizium und Ferromangan. Weitere für die Eisengießerei in Frage kommende Zusätze werden bei dem Kapitel Gattierung bzw. Eisenbegleiter genannt.

Sowohl Ferrosilizium wie auch Ferromangan sind in verschiedenen Zusammensetzungen käuflich und im Eisengießereibetrieb zu verwenden.

Ferrosilizium wird mit 8 bis etwa 18% Si als Hochofenerzeugnis und mit höheren Gehalten bis zu 80% als Erzeugnis des elektrischen Ofens verwendet.

Ferromangan ist annähernd mit denselben Gehalten an Mn käuflich, doch wird in beiden Fällen vermieden, die Legierungen mit den höheren Gehalten zu verwenden, einmal wegen des zu hohen Abbrandes und dann wegen der ungenügenden Treffsicherheit der beabsichtigten Wirkung.

E.-K.-Pakete. Eine sehr gute Lösung der Frage, die Verwendung von Ferrosilizium und Ferromangan im Kupolofen betreffend, hat die Maschinenfabrik Eßlingen gefunden durch Schaffung der sogenannten E.-K.-Pakete, das sind Formlinge, die zerkleinertes Fe-Si und Fe-Mn durch ein zementartiges Bindemittel zusammengepreßt halten. Auf diese Weise ist die Zuführung von Silizium und Mangan im Kupolofen sehr erleichtert worden, so daß diese Briketts auch allgemein in Anwendung gekommen sind. Folgende Tabelle soll zeigen, wie leicht die Berechnung der Gattierung gemacht wird durch Verwendung von E.-K.-Paketen.

Nr.	Reihe der Formlinge		Inhalt der Formlinge für 1 Stück	Gewicht der Formlinge für 1 Stück
	Bezeichnung	Art		
I	Si-Formlinge ..	normale Größe	etwa 1,0 kg Si	etwa 2,8 kg
I a	Si- „ ..	halbe „	„ 0,5 kg Si	„ 1.4 kg
II	Mn- „ ..	normale „	„ {0,5 kg Mn / 0,5 kg Si}	„ 2,0 kg
II a	Mn- „ ..	halbe „	„ {0,25 kg Mn / 0,25 kg Si}	„ 1,0 kg
III	P- „ ..	normale „	„ 1,0 kg P	„ 5,7 kg
III a	P- „ ..	halbe „	„ 0,5 kg P	„ 2,85 kg
IV	Ni- „ ..	normale „	„ 1,0 kg Ni	„ 1,45 kg
V	Cr- „ ..	„ „	„ 0,5 kg Cr	„ 1,00 kg

Die Brikettierung von Guß und Stahlspänen, die vor 20 Jahren stark betrieben wurde, um die Wiederverwendung dieser Abfallstoffe im Kupolofen zu ermöglichen, ist heute seltener.

III. Die Zusammensetzung und Gattierung.
A. Einfluß der Eisenbegleiter.

Die Kenntnis von dem Einfluß der Eisenbegleiter — und zwar sowohl der unvermeidbaren als auch der zusätzlich zur Verbesserung des Gusses zu wählenden — ist für die erfolgreiche Abwicklung des ganzen Fertigungsvorganges von grundlegender Bedeutung. Für die zweckmäßigste Zusammensetzung der Rohstoffe unter Beachtung der Schmelzvorgänge im Kupolofen hatte bereits Ledebur, der Altmeister der Gießerei- und Hüttenkunde, Ende des vorigen Jahrhunderts Richtlinien aufgestellt, die heute noch Geltung haben. Es hat allerdings Jahrzehnte gedauert, bis diese Allgemeingut wurden. Der Metallographie blieb es dann vorbehalten, uns einen tieferen Einblick in den Gefügeaufbau des Gußeisens zu geben und damit die bessere Erkenntnis von der Wirkung der einzelnen Elemente sowohl als auch von den Möglichkeiten sonstiger Beeinflussung des Gefüges.

Kohlenstoff. Wie bereits erwähnt, ist er der das Gußeisen kennzeichnende wichtigste Eisenbegleiter.

Kohlenstoff tritt als Legierungsbestandteil des Eisens vornehmlich in 2 Arten auf: als Graphit, d. i. reine Kohle, die im Eisen als Punkte, Knoten, Adern eingebettet ist und als Karbidkohle, dem Bestandteil einer Eisenkohlenstoffverbindung, dem Eisenkarbid, mit der chemischen Formel Fe_3C, entsprechend einem Kohlenstoffgehalt von 6,66%.

Liegt überwiegend Graphit vor, ist Gußeisen weich und zeigt ein graues Bruchaufsehen. Eisenkarbid dagegen ist hart; sein Überwiegen im Gußeisen macht dieses ebenfalls hart und das Bruchgefüge erscheint weiß. Beide Kohlenstoffarten können nun jede für sich und nebeneinander in den verschiedensten Formen austreten, was am besten an Hand von stark vergrößerten Gefügeaufnahmen zu erkennen ist (s. S. 17/18).

Silizium ist der wichtigste Eisenbegleiter zur Bildung eines weichen Gußeisens. Es fördert — neben verlangsamter Abkühlung — die Graphitausscheidung. Starkwandiger Guß, also mit hohem Siliziumgehalt, bewirkt ein tiefgraues grobkörniges Gefüge. Niedrigsiliziertes Gußeisen, dünnwandig, also schnell erkaltend, ergibt ein weißes Bruchgefüge: Graphit konnte sich nicht ausscheiden.

Mangan bewirkt im allgemeinen das Gegenteil wie Silizium: es verhindert die Graphitausscheidung und begünstigt die Eisenkarbidbildung; es macht damit das Eisen hart und sein Bruchgefüge weiß. Ein gewisser Mangangehalt ist jedoch unentbehrlich und sogar förderlich, da mit ihm bessere Festigkeitseigenschaften zu erzielen sind. Mangan setzt auch den schädlichen Einfluß des Schwefels herab und schützt beim Umschmelzen das Silizium und bewahrt dadurch unmittelbar den Guß vor dem Hartwerden.

Phosphor ist als Eisenbegleiter ein notwendiges Übel. Es macht das Eisen spröde und verschlechtert bei entsprechender Menge seine Festigkeitseigenschaften. Schädlich ist ein P-Gehalt bei Gußstücken, die hohen Temperaturen und namentlich starkem Temperaturwechsel ausgesetzt sind. Es macht aber das Eisen dünnflüssiger und ist aus diesem Grunde zum Vergießen dünner Wandungen sogar erwünscht. Da die Dünnflüssigkeit aber auch für das gute Gelingen normalwandiger Gußstücke von Bedeutung ist, ist auch für diese ein mäßiger P-Gehalt wegen seiner mittelbar guten Wirkung nicht unerwünscht.

Schwefel ist schädlich, weil er Härte und Sprödigkeit im Guß erzeugt, die Schwindung fördert und damit zu Spannungen und Lunker Veranlassung gibt. Ein höherer Schwefelgehalt macht das Eisen auch dickflüssiger, ein Zustand, der unter allen Umständen vermieden werden muß, da nur ein dünnflüssiges Eisen Gewähr für gutes Gelingen gibt. Immerhin kann und muß man sich mit einem mäßigen Schwefelgehalt abfinden, weil seine Ausschaltung, selbst bei Auswahl praktisch schwefelfreier Rohstoffe, sich beim Kupolofenschmelzen nicht erreichen läßt; denn eine Schwefelaufnahme aus dem Schmelzkoks ist nicht ganz vermeidbar.

An Versuchen, die Eisenschmelze zu entschwefeln, hat es nicht gefehlt: Das Aufstreuen von Soda auf die Pfanne bewirkt eine sehr dünnflüssige Schlacke, die das flüssige Eisen abdeckt und vor Abkühlung schützt. Ein längeres Stehenlassen der Pfanne bewirkt ein Aufsteigen der Schwefelverbindungen an die Oberfläche und in die Schlacke. Es macht aber Schwierigkeiten, beim Vergießen des flüssigen Eisens in die Formen die Schlacke zurückzuhalten, auch wenn man sie durch gemahlenen Kalkstein verdickt, um sie besser abkrammen zu können. Größere Erfolge hat Walter mit seinen Alkali-Entschwefelungspaketen gehabt, die im Vorherd des Kupolofens zugesetzt werden. Natürlich muß dann die saure Kupolofenschlacke im Schacht zurückgehalten werden, da sie sonst die Entschwefelung unwirksam macht. Eine hierfür gut durchgeführte Konstruktion ist die von Luyken-Rein, der übrigens auch die Schlackensammler (s. Abb.13 S.22) zuerst anwandte, Behälter, die am Ofenschacht oder am Vorherd angebaut, den selbständigen Abfluß der Schlacke ermöglichen.

Einmal ist durch diese Anordnung das jeweilige Ablassen, das Abstechen der Schlacke, überflüssig und dann fällt die Verunreinigung des Platzes am Ofen durch flüssige Schlacke weg. Die Schlackenkammer gestattet die Abfuhr der Schlacke in festem Zustande.

Mit dieser Art der Entschwefelung soll auch gleichzeitig das Eisenbad entgast werden und da hierdurch das Bad lebhaft bewegt wird, wird auch Eisenoxyd mit entfernt.

Es hat aber auch nicht an Stimmen gefehlt, die einem hohen Schwefelgehalt zur Erzielung von härterem Eisen das Wort redeten. Für diese Zwecke gibt es aber Mittel ohne die schlechten Nebenerscheinungen bei höherem Schwefelgehalt.

Sonstige Elemente. Kupfer und Arsen sind selten auftretende Eisenbegleiter; sie sind schädlich und wirken ähnlich wie Schwefel. Aluminium, Titan, Nickel, Chrom, Vanadium, Molybdän, Wolfram, Kobalt und andere

Elemente, die als Zusätze zum Gußeisen diesem besondere Eigenschaften verleihen sollen, werden im allgemeinen in kleineren Gehalten zur Verfeinerung des Gefüges zugesetzt. Zweifellos wird ein solcher Zusatz seine gute Wirkung haben, aber es muß auch gleichzeitig mit einer merklichen Verteuerung des Enderzeugnisses gerechnet werden. Übrigens hat Wachenfeld in seinen wärmeführenden „HW.-Paketen" ein gutes Mittel auf den Markt gebracht, dem Eisengießer den Zusatz einiger dieser Veredelungsmetalle ebenso wie von Si und Mn zu erleichtern, da die brikettierten Legierungen sich dem Schmelzbad in der Pfanne leichter einverleiben lassen, als wenn die reinen Metalle eingetaucht werden müssen.

B. Die Zusammensetzung des Einsatzes (Gattierung) und des Schmelzerzeugnisses.

Zusammensetzung des Gußeisens. Für die Zusammensetzung von normalem grauen Gußeisen gilt ganz allgemein, daß die richtige Wahl des Siliziumgehaltes von entscheidender Bedeutung ist. Keinem der vorhin besprochenen Eisenbegleiter, sofern er nicht in ganz ungewöhnlichem Ausmaße auftritt, ist eine solche Beachtung zu schenken.

Legen wir einmal die Gehalte der übrigen Eisenbegleiter in folgenden Grenzen fest: Kohlenstoff 3,3 ... 3,8%, Phosphor 0,6 ... 1,2%
  Mangan ... 0,6 ... 1%, Schwefel 0,08 ... 0,12%,

dann hat sich für die Erzielung eines grauen Eisens der Siliziumgehalt nach den Wanddicken des Gußstückes zu richten gemäß nebenstehender Vorschrift.

Hierbei sind die unteren und oberen Grenzen in Einklang zu bringen mit denjenigen der übrigen Eisenbegleiter unter der Berücksichtigung deren eigenen Einflusses auf die Graphit- oder Karbidbildung. Nachstehende Zahlentafel gibt einige Analysenwerte von Gußstücken aus der Praxis an:

Wanddicke	Si-Gehalt
bis 5 mm	von 2,6 bis 2,9%
von 5 „ 10 „	„ 2,2 „ 2,6%
„ 10 „ 20 „	„ 1,8 „ 2,2%
„ 20 „ 30 „	„ 1,6 „ 1,8%
„ 30 „ 40 „	„ 1,4 „ 1,6%
„ 40 „ 50 „	„ 1,3 „ 1,4%
„ 50 „ 60 „	„ 1,2 „ 1,3%
„ 60 „ 100 „	„ 1,0 „ 1,2%
„ 100 „ 300 „	„ 1% und darunter

	C	Si	Mn	P	S
Gewöhnlicher Maschinenguß	3,38	1,78	0,72	0,78	0,11
Leichter Maschinenguß	3,35	2,15	0,65	0,82	0,095
Schwerer Maschinenguß	3,42	1,65	0,78	0,75	0,087
Maschinenguß hoher Festigkeit	3,31	1,45	0,91	0,69	0,085
Dampfzylinder	3,29	1,27	1,01	0,65	0,078
Lokomotivzylinder	3,25	1,62	1,11	0,61	0,075
Ofen- und Geschirrguß	3,45	2,47	0,52	1,37	0,125
Heizkessel, Heizkörper, Badewannen	3,39	2,52	0,59	1,19	0,101
Röhrenguß	3,43	2,01	0,62	0,91	0,099
Stahlwerkskokillen	3,35	1,51	0,76	0,10	0,061

Zusammensetzung des Einsatzes. Diese Angaben sollen vorerst einen Anhalt bieten, nach welchen Gesichtspunkten gattiert werden muß; sie genügen aber schon, um zu ersehen, wie unsicher der Erfolg sein muß, wenn man bei der Zusammensetzung lediglich auf allgemeine Bezeichnungen der Roheisen nach Marken I oder III usw. oder lediglich nach dem Bruchgefüge gattieren will. Ein grobkörniges Eisen kann ebensogut durch hohen Siliziumgehalt wie auch durch

Die Zusammensetzungung des Einsatzes (Gattierung) und des Schmelzerzeugnisses. 11

langsame Abkühlung bei niedrigem Si-Gehalt entstanden sein, zumal wenn der Mangangehalt auch niedrig war. Ein weißes Eisen entsteht außer bei niedrigem Si-Gehalt auch bei hohem, wenn es sich schnell abgekühlt hat, besonders beim Abschrecken rotwarmen Gusses. Um die gewünschte Zusammensetzung der Gußstücke zu erreichen, ist es also unbedingt erforderlich, den Einsatz seiner Zusammensetzung nach genau zu kennen; nur so ist es möglich, sich vor Überraschungen, die anders gar nicht ausbleiben können, zu sichern.

Sind die Analysenwerte der vorhandenen Rohstoffe bekannt, so wird bei der Gattierung folgendermaßen verfahren:

1. Beispiel. Eine Gießerei soll leichten Werkzeugmaschinenguß herstellen von etwa folgender Zusammensetzung:

    C 3,5   Si 2,0   Mn 0,7   P höchst. 0,8   S höchst. 1.

An Rohstoffen sind vorhanden:

	Si	Mn	P	S
Gießereieisen I	3,15	0,65	0,44	0,03
,, III	2,39	0,59	0,71	0,05
Siegerländer Zusatzeisen	0,80	4,50	0,20	0,03
Luxemburger	2,40	0,60	1,50	0,04
Bruch, eig. obiger Zusammensetzung	2,2	0,70	0,8	0,1
Gekaufter, guter Maschinengußbruch, Zusammensetzung angenommen	2,0	0,60	0,8	0,1

Nun ist folgendes zu berücksichtigen:

Der Gesamtkohlenstoff kann vernachlässigt werden, unter normalen Verhältnissen stellt er sich im Kupolofen in einer Höhe von 3,4...3,6% ein. Ein höherer Gehalt an C ist seltener, ein niedriger kann nur erreicht werden durch Zusatz von kohlenstoffarmen Einsatzstoffen, also Stahl und Schmiedeeisen, kommt aber für das vorliegende Beispiel nicht in Frage. Weiter muß für die Berechnung beachtet werden, daß Silizium und Mangan im Kupolofen einen Abbrand erfahren, und zwar im allgemeinen: Si 10% und Mn 15...20%. Bei Roheisen mit höheren Gehalten an Si und Mn, besonders bei Ferrolegierungen Fe-Si und Fe-Mn können die Abbrandziffern bedeutend höher ausfallen. Phosphor bleibt gleich, sein Gehalt ändert sich während des Kupolofen-Schmelzprozesses nicht. Dagegen nimmt der Schwefel aus dem Schmelzkoks erheblich zu, je nach dem Ofengang 20...30% und mehr. Eisen selbst erleidet ebenfalls einen Abbrand in der Höhe von 0,8...1,5%.

Sollen wir also die oben gestellte Aufgabe erfüllen, so ist auf Grund der vorhandenen Einsatzrohstoffe folgende Zusammensetzung zu wählen:

		Si	Mn	P	S
Gießereiroheisen I	10%	0,315	0,065	0,044	0,003
Gießereiroheisen III	20%	0,478	0,118	0,142	0,010
Siegerländer Zusatzeisen	5%	0,040	0,225	0,010	0,0015
Luxemburger Gießerei	10%	0,240	0,060	0,150	0,004
Eigener Bruch	30%	0,660	0,210	0,240	0,030
Fremder Bruch	25%	0,500	0,150	0,200	0,025
	100%	2,233	0,828	0,786	0,0735
Abbrand bzw. Zunahme abgerundet		−0,237	−0,128		+0,0165
	2,0%	0,7%	0,79%	0,09%

2. Beispiel. Eine weitere Aufgabe sei die Zusammenstellung einer Gattierung für Dampfzylinder mit etwa 25...30 mm Wandung und einer Zugfestigkeit von

26 kg/mm². In diesem Falle wird man besondere Vorsicht walten lassen müssen, da es sich um ein hochbeanspruchtes Gußstück handelt. Hier genügt nun nicht mehr die Einschaltung der Regel, die für die Höhe des Siliziumgehaltes bei bestimmten Wandstärken besteht, sondern es muß dem Kohlenstoff besondere Beachtung geschenkt werden. Es muß auch ein Bruchgefüge erstrebt werden, in dem z. B. alle die Festigkeit störenden Unterbrechungen durch den freien Kohlenstoff, den Graphit, möglichst gering und dieser selbst — soweit unvermeidlich oder gar erforderlich — nicht zusammenhängend in Adern oder Flächen, sondern möglichst fein verteilt ist. Aus dem gleichen Grunde sollte der gebundene Kohlenstoff, der Zementit, ebenfalls möglichst gleichmäßig eingelagert sein.

Diesen Idealzustand haben die Eisengießer schon seit Jahrzehnten zu erreichen versucht durch möglichste Niedrighaltung des Gesamtkohlenstoffes und haben zu diesem Zweck der Gattierung kohlenstoffarmes Eisen, d. h. Stahl- und Flußeisenabfälle zugegeben. Schon ein Zusatz von 5 ... 10% Stahl macht sich bemerkbar, nicht nur beim Gesamtkohlenstoff, sondern auch beim Graphit, der niedriger und feiner verteilt ist, wie in Gußeisen ohne diesen Zusatz.

Für den fraglichen Zylinder ist wieder unter der Voraussetzung, daß die Roheisensorten wie beim ersten Gattierungsbeispiel zur Verfügung stehen, folgende Gattierung zu setzen, in dem Bestreben dem Zylinder etwa folgende Zusammensetzung zu geben: C 3,2   Si 1,6   Mn 1,0   P 0,60   S 0,08

		Si	Mn	P	S
Gießereiroheisen I	20%	0,63	0,13	0,088	0,006
„ III	25%	0,59	0,15	0,178	0,013
Siegerl. Zusatz	10%	0,08	0,45	0,020	0,003
Zylinderbruch	30%	0,48	0,30	0,180	0,024
Stahlschrott Eisenbahnsch.	15%	—	0,14	0,090	0,008
	100%	1,78	1,17	0,556	0,056
Abbrand bzw. Zunahme		—0,18	—0,17		+0,018
		1,60	1,00		0,074

Für den Kohlenstoff ist eine Rechnung über die Zunahme durch den Schmelzkoks im Kupolofen nicht angebracht, da die Kohlenstoffaufnahme von verschiedenen Umständen im Schmelzprozeß abhängt. Man kann aber mit einiger Sicherheit annehmen, daß der Zusatz von 15% Stahlschrott den Gesamtkohlenstoff um etwa 10% drückt und damit unter normalen Verhältnissen ein Kohlenstoff von 3,2% erreicht wird. Dieser Satz wird für das gegebene Beispiel im allgemeinen der erstrebenswerteste sein: die vorgeschriebene Festigkeit wird mit ziemlicher Sicherheit erreicht und das Vergießen des flüssigen Eisens macht noch keine Schwierigkeiten, die aber mit der weiteren Ermäßigung der Kohle eintreten. Statt Stahlschrott oder auch neben diesem wird vielfach gern ein kohlenstoffarmes Sonderroheisen genommen, wie es die Friedrich-Wilhelm-Hütte herstellt und früher die Concordiahütte, zu denen in den letzten Jahren auch ähnliche Marken aus dem Siegerland und schließlich weitere synthetische kohlenstoffarme Sondereisen hinzugekommen sind.

C. Zustands- und Gefügeschaubilder.

Allgemeines Eisenkohlenstoffschaubild. Zum Verständnis der Kristallisationsvorgänge ist es von Wichtigkeit, das Zustandsschaubild der Eisen-Kohlenstofflegierungen zu kennen, das über die Gefügebildung nach dem Gießen bzw. bei der Erstarrung Aufschluß gibt (Abb. 1).

Zustands- und Gefügeschaubilder.

Auf der waagerechten Achse sind, von Null beginnend, wachsende Gehalte an Kohlenstoff, auf der im Nullpunkt errichteten senkrechten Achse die Temperatur aufgetragen. Jeder Punkt des durch die beiden Senkrechten begrenzten Feldes gibt nunmehr auf die Waagerechte gelotet einen Kohlenstoffgehalt, auf die Senkrechte gelotet eine Temperatur an.

So finden wir bei A mit 0% Kohlenstoff und 1528° den Schmelzpunkt des reinen Eisens. Mit wachsendem Kohlenstoffgehalt zerteilt sich der Schmelzpunkt in die eingangs besprochenen Linien der beginnenden Erstarrung AC und die der vollendeten Erstarrung AEC. Im Punkte C liegt ein „Eutektikum" vor, das wieder einen Schmelzpunkt bei einer bestimmten Temperatur zeigt. Dieses Eutektikum hat für das flüssige Eisen etwa die gleiche Bedeutung wie der Perlit für die Umwandlungen im festen Zustande; während sich bei Legierungen mit bis zu 4,25% Kohlenstoff immer zuerst Eisen und bei Legierungen über 4,25% Kohlenstoff immer zuerst Zementit aus der Schmelze ausscheidet, scheiden sich bei dieser Zusammensetzung eisenreiche Kristalle mit

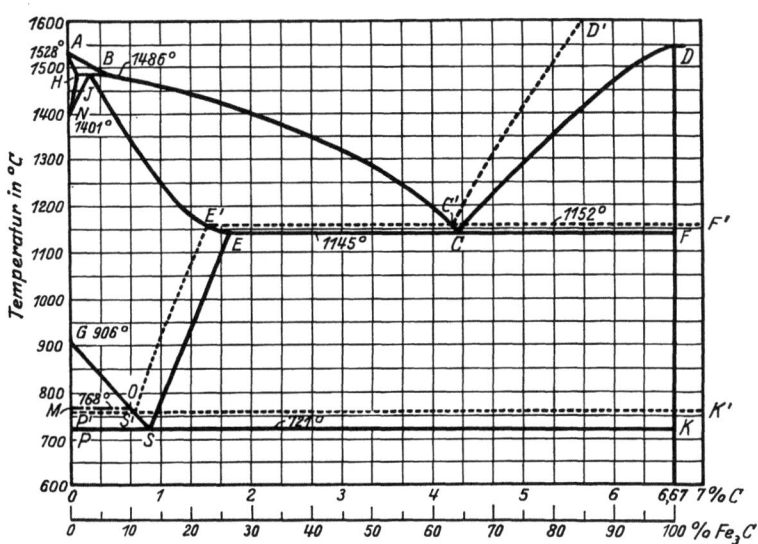

Abb. 1. Eisenkohlenstoffschaubild.

1,7% Kohlenstoff und Zementit gleichzeitig aus. Das Eutektikum zeigt den Kohlenstoffgehalt an, den flüssiges Eisen bei der Temperatur von 1145° enthalten kann. Dieses Gemenge von Eisenkarbid und Mischkristallen hat stets 4,25% Kohlenstoff, führt als Gefügebestandteil den Namen Ledeburit und hat seinen Erstarrungs- und Schmelzpunkt bei 1145°. Bei allen Eisensorten mit niedrigeren und höheren Kohlenstoffgehalten beginnt die Erstarrung entsprechend den Linien AC und CF bei höheren Temperaturen. Bei den Eisensorten mit 0 ... 1,7% Kohlenstoff liegt das Ende der Erstarrung bzw. der Beginn der Schmelzung auf der Linie AE; bei mehr als 1,7% ist die Erstarrung stets bei der gleichen Temperatur, nämlich 1145°, beendigt. Der sich bei dieser Temperatur zuletzt ausscheidende bzw. der beim Erhitzen zuerst schmelzende Bestandteil entspricht dem Eutektikum mit 4,25% Kohlenstoff, dem Ledeburit.

Der Punkt S wird als Perlitpunkt bezeichnet. Er gibt an, daß sich bei dieser Temperatur der letzte Rest der festen Lösung in die Ferrit- und Zementitstreifen des Perlits spaltet. Da Perlit in allen Eisensorten auftritt, die überhaupt Kohlenstoff enthalten, andererseits die Temperatur der Perlitausscheidung ähnlich wie bei der Ausscheidung des Ledeburiteutektikums die gleiche ist, wird dieser Tatsache durch die Gerade PSK Rechnung getragen. Die bei 720° entstehende feste Lösung des Perlits löst mit steigender Temperatur in zunehmendem Maße freien

Zementit in sich auf bis zum Höchstgehalt von 1,7% Kohlenstoff. Mehr als 1,7% kann die feste Lösung nicht enthalten, da der überschießende Kohlenstoff, wie oben erwähnt, sich bereits im Ledeburit aus der flüssigen Schmelze abgeschieden hat. Die Linie SE gibt für bestimmte Temperaturen die Mengen Kohlenstoff bzw. Zementit an, die von der festen Lösung aufgenommen werden können.

Aus den einzelnen Feldern des Schaubildes kann man ohne weiteres ablesen, welche Gefügebestandteile darin beständig sind. Oberhalb der Linie AC ist alles flüssig, unterhalb AEC alles erstarrt. In dem durch diese beiden Linien begrenzten Felde werden wir demnach mit sinkender Temperatur und sinkendem Kohlenstoffgehalt wachsende Mengen aus der Schmelze ausgeschiedener Kristalle neben der Schmelze selbst, der sogenannten Mutterlauge, finden. In dem durch die Linien AE, ES, SG und die Nullachse AG begrenzten Felde enthält das Eisen allen Kohlenstoff in fester Lösung. Man bezeichnet diese feste Lösung auch als γ-Mischkristalle oder Austenit. In dem durch die beiden geraden Linien ECF und SK begrenzten Felde finden wir von einem Kohlenstoffgehalt von 1,7% an aufwärts außer den erwähnten Mischkristallen noch das Eutektikum, den Ledeburit, das selbst die Zusammensetzung $C = 4,25\%$ Kohlenstoff hat. Die in diesem Gebiet vorhandenen Mischkristalle enthalten alle entsprechend dem Gehalt des Punktes E 1,7% Kohlenstoff. Die Änderung im Kohlenstoffgehalt macht sich also in diesem Gebiet nur dadurch bemerkbar, daß mit steigendem Gehalt die Menge des Ledeburits zunimmt und die der Mischkristalle entsprechend abnimmt. Bei 4,25% Kohlenstoff enthält das Eisen nur noch Ledeburit.

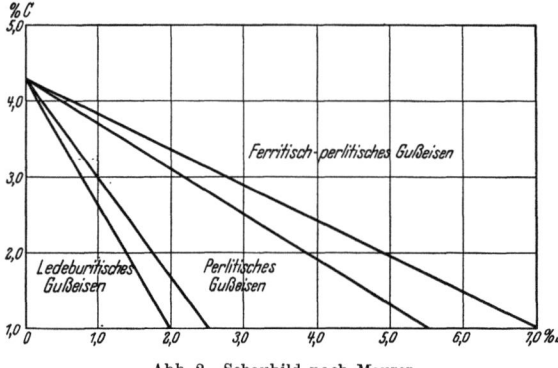

Abb. 2. Schaubild nach Maurer.

Die Linie GS bezeichnet den Beginn der Ausscheidung von α-Eisen aus den γ-Mischkristallen. Durch die Linie PSK wird der Zerfall des Restes der festen Lösung in Perlit angezeigt, unterhalb dieser Linie können (bei normaler Abkühlung) keine γ-Mischkristalle mehr bestehen. Entsprechend finden wir in dem durch die Linien GS und PS begrenzten Gebiete mit sinkender Temperatur und sinkendem Kohlenstoffgehalt sinkende Mengen fester Lösung und steigende Mengen α-Eisen vor. Das durch die Linien SG und die Ordinate zu 1,7% Kohlenstoff begrenzte Gebiet enthält neben der festen Lösung noch mit steigender Temperatur und sinkenden Kohlenstoffgehalt abnehmende Mengen freien Zementits.

Das Schaubild gilt streng genommen nur für reine Eisenkohlenstoff-Legierungen. Durch alle anderen Elemente werden die Linien des Schaubildes verändert, für Gußeisen bewirkt das in erster Linie das Silizium.

Schaubild nach Maurer (Abb. 2). Dieses Bild zeigt eine gewisse Gesetzmäßigkeit zwischen den Gehalten an Silizium und Kohlenstoff für die Erzielung von ferritischem, perlitischem und zementitischem Gefüge (Näheres siehe in Abschn. E). Solange sich die Gußeisenzusammensetzung in Grenzen hält, die beispielsweise durch das mittlere Feld angegeben sind, besteht das Gefüge aus einer rein perlitischen Grundmasse mit eingelagertem Graphit. Liegt der Guß seiner Zusammensetzung nach im linken Feld, dann besteht das Kleingefüge aus Ledeburit, liegt er im rechten Feld, dann enthält es Ferrit, Perlit und Graphit. Natürlich ist der Übergang von einer Gefügeart zur anderen nicht unstetig, sondern stetig. Deshalb sind zwei Übergangsfelder eingezeichnet. Die Kurvenzüge des Schaubildes können noch durch eine Reihe anderer Umstände, wie Abkühlungsgeschwindigkeit, Wandstärken usw. in ihrer Lage verschoben werden, das ändert aber nichts an der grundsätzlichen Richtigkeit des Schaubildes. Geht man nun von einer bestimmten Eisenkohlenstofflegierung, z. B. einer mit 3% C und 1,5% Si aus, so kommt man bei gleichbleibendem Silizium- und steigendem Kohlenstoffgehalt (Bewegung nach oben) sowie bei gleichbleibendem Kohlenstoff- und steigendem Siliziumgehalt (Bewegung nach rechts) beide Male aus dem Bereich von Gußeisensorten mit rein perlitischer Grundmasse in Bereiche von Sorten mit perlitisch-ferritischer Grundmasse. Es wird also nicht nur (bei steigendem Kohlenstoffgehalt) der die Ausgangslegierung übersteigende Kohlenstoffgehalt, sondern auch ein Teil des ehemals im Perlit als Karbidkohle vorhandenen Kohlenstoffs zu Graphit zerlegt und ausgeschieden.

Schaubild nach Greiner-Klingenstein (Abb. 3). Dieses Bild berücksichtigt auch den Einfluß der Abkühlungsgeschwindigkeit entsprechend der Wanddicke. Es gilt nur für Kohlenstoffgehalte von 2,8% und höher, sowie für Siliziumgehalte von 1% und höher. Aus ihm folgt, daß man bei großen Wanddicken den Silizium- und Kohlenstoffgehalt erniedrigen muß, um

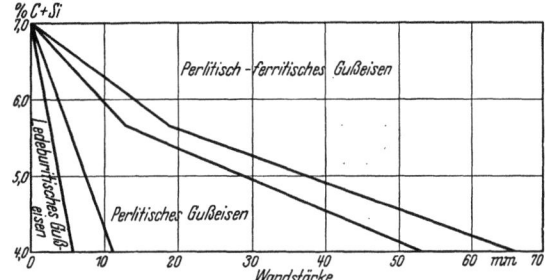

Abb. 3. Schaubild nach Greiner-Klingenstein.

zu gleicher Gefügeausbildung zu kommen wie bei dünnen, und weiter, daß man bei Konstruktionen gleiche Wanddicken nicht nur zur Vermeidung des Lunkern, sondern auch zur Erzielung gleichen Kleingefüges anstreben soll.

D. Erstarrungserscheinungen.

Das Schwinden. Bei der Erstarrung von Gußeisen treten Veränderungen des Rauminhaltes — im Endergebnis Verringerungen — auf, die der Gießer kaum, zum Teil überhaupt nicht, verhindern kann. Er muß aber Maßnahmen treffen, daß diese Erscheinungen, Schwinden genannt, keinen Schaden anrichten. Das Schwinden ist abhängig von der Zusammensetzung des Gußeisens, den Abkühlungsverhältnissen und auch von der Form des Gußstückes. Normalerweise berücksichtigt man die Schwindung, in dem man die Modelle nach Schwindmaß ausführt und zwar rechnet man bei Gußeisen 1%, bei niedriggekohltem Guß 1,5%, bei Stahlguß 2%. Auf die Schwindung muß auch beim Formen und Kernmachen Rücksicht genommen werden. Zu große Kerneisen in Kernen sind oftmals Veranlassung gewesen, daß Gußstücke nicht schwinden konnten und daher rissen. Solche Risse können auch durch Spannungen im Gußstück auftreten, die wiederum bedingt sind durch unterschiedliche Schwindungszeiten in den verschiedenen Wanddicken ein und desselben Gußstückes. Während in einer dünnen Wand infolge schneller Abkühlung die Schwindung bereits beendet ist, kann eine dicke Wand desselben Gußstückes noch rotwarm sein und erst einen Teil ihres Schwindungsweges zurückgelegt haben. Hierdurch können große Spannungen verursacht werden. Also auch aus diesem Grunde soll der Konstrukteur bestrebt sein, allzu ungleiche Wanddicken in einem Gußstück zu vermeiden. In Fällen, wo das nicht möglich ist, muß sich der Gießer zu helfen suchen, indem er z. B. bei langen Drehbankbetten, die bestrebt sind, entsprechend der ungleichen Wanddicken krumm zu werden, beim Formen die Modelle in entgegengesetzter Richtung durchbiegt und so einen Ausgleich schafft. Spannungen in Gußstücken können durch Glühen ausgeglichen werden, sofern die Größe der Stücke das zuläßt. Es muß dabei recht langsam angewärmt und abgekühlt werden (s. auch S. 42).

Das Lunkern. Der Lunker ist ein entfernter Verwandter der Schwindung. Immer dort, wo das Eisen am längsten warm bleibt, besteht die Gefahr, daß sich ein Lunker bildet, d. i. ein Hohlraum, dessen Wände mit Kristallen besetzt sind. In günstigeren Fällen kann man die Ansätze zur Lunkerbildung erkennen. Gußeisen mit niedrigem C- und niedrigem Si-Gehalt neigt zu Lunkerbildung, auch hoher Schwefelgehalt begünstigt diese. Der Gießer hilft sich gegen Lunker u. a. durch Einsetzen von Kühleisen an Stellen starker Stoffansammlung. Auch Steiger und Köpfe sollen den Schaden des Lunkers verhüten, indem sie dafür sorgen, daß der Hohlraum mit frischem flüssigem Eisen gefüllt, bzw. höher an Stellen verlegt wird, die außerhalb des eigentlichen Gußstückes liegen, dem „verlorenen Kopfe".

Das Seigern. Es wird darunter eine Entmischung bzw. Abscheidung einer oder mehrerer Legierungsbestandteile verstanden. Bei Gußeisen ist die Erscheinung seltener, so daß hierauf nicht näher eingegangen zu werden braucht.

E. Die Anwendung der Metallographie.

Die Anwendung der Metallographie in der Eisengießerei hat die bis dahin angenommenen Einflüsse der verschiedenen Kohlenstofformen auf die Eigenschaften des Graugusses nicht nur bestätigt, sondern hat einen tieferen Einblick in den Gefügeaufbau gegeben. Es war längst bekannt, daß das Gefüge bei verschiedenen Wanddicken trotz gleichbleibender Zusammensetzung verschieden ausfiel: daß bei dicken Wandungen infolge stärkeren Ausscheidens des Graphits ein gröberes Korn entsteht, daß bei Verringerung der Wanddicke der Bruch feinkörniger und bei dünnem Querschnitt, besonders bei abgeschrecktem Guß, weiß wird, ein Beweis, daß der gebundene Kohlenstoff vorherrscht und kein Graphit ausgeschieden wird.

Nach Schleifen, Polieren und entsprechendem Ätzen eines Gußstückes erkennt man nun im Mikroskop unter starker Vergrößerung deutlich den Gefügeaufbau und kann daraus schließen, welche Maßnahmen zu ergreifen sind, um gewünschte Eigenschaften im Guß zu erzielen.

Die einzelnen Gefügebildner. Ferrit. Der Grundstoff, sozusagen das Bett, in dem der freie oder gebundene Kohlenstoff und die anderen Beimengungen lagern, also das reine (kristallinische) Eisen, bezeichnet man in der Metallographie mit Ferrit. Es erscheint im Schliffbild (Abb. 4) weiß und ist empfindlich gegen das Ritzen mit der Nadel; es ist ein weicher Körper.

Graphit, das ist reiner Kohlenstoff, ist im Ferritgefüge in Form von Blättchen, Adern, Punkten eingelagert. Es ist ohne weiteres zu erkennen, daß eine Ausscheidung des Graphits in breiten Adern (Abb. 5), also den Guß stark unterbrechend, die Festigkeit eines Gußstückes erheblich mindern muß. Eine gleichmäßige Verteilung derselben Menge Graphit wird die Festigkeit schon beträchtlich erhöhen. Denn es ist einleuchtend, daß eine Unterbrechung des Grundgefüges in fein verteilter, nicht zusammenhängender Form sich viel günstiger verhalten wird (Abb. 6).

Temperkohle. Ebenso wie Graphit, der von Temperkohle chemisch nicht zu unterscheiden ist, besteht die Temperkohle aus reinem Kohlenstoff. Unter

Die Anwendung der Metallographie. 17

dem Mikroskop erkennt man auf dem eingeätzten Schliff (Abb. 7) die Temperkohle als schwarze Nester von rundlicher Form.

Zementit. Die Eisenkohlenstoffverbindung Eisenkarbid nach der Formel Fe_3C wird in der Metallographie Zementit genannt. Er ist von großer Härte, wird von den zur Ätzung verwendeten Säuren kaum angegriffen, bleibt für das Auge weiß wie Ferrit. Dem geübten Auge entgeht trotzdem nicht der Unterschied zwischen Ferrit und Zementit (Abb. 8). Sollte das doch einmal der Fall sein, so wird die Ritznadel keinen Zweifel lassen: Zum Unterschied von Ferrit ist Zementit mit der Nadel nicht angreifbar.

Ledeburit (Abb. 9) ist ein Eutektikum aus Mischkristallen und Eisenkarbid mit einem Kohlenstoffgehalt von 4,25%. Beim Ätzen mit Säuren werden nur die Mischkristalle angegriffen und erscheinen dadurch unter dem Mikroskop dunkel, während der Zementit weiß bleibt. Bei einem geringeren C-Gehalt treten im Gefüge freie Mischkristalle, bei einem größeren C-Gehalt freie Zementitkristalle neben dem Eutektikum auf. Ledeburitisch ist das Gefüge von weißem Roheisen und Hartguß.

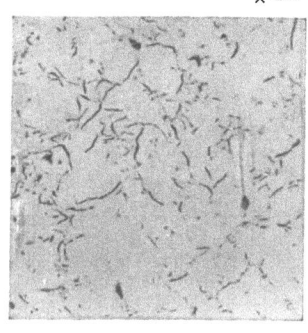

Abb. 4. Ferrit.   Abb. 5. Grober Graphit.

Perlit. Das im allgemeinen wünschenswerteste Gefüge von Ferrit und Zementit, in dem der Zementit am feinsten und gleichmäßigsten im Ferrit gelagert ist, heißt Perlit (Abb. 10). Es ist ein eutektoides Gemenge von Zementit und Ferrit (mit einem C-Gehalt von 0,9%), die sich meist in Form von Streifen — lamellarer Perlit im Gegensatz zu körnigem Perlit — abscheiden. Beim Ätzen mit Säuren wird Ferrit herausgelöst, während die Zementitstreifen stehen bleiben.

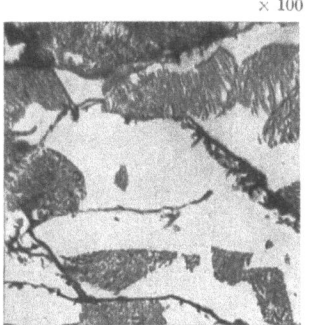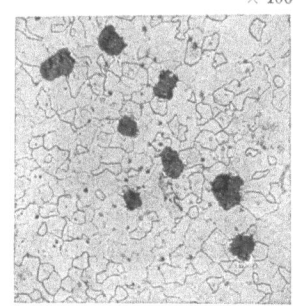

Abb. 6. Fein verteilter Graphit.   Abb. 7. Temperkohle.

Phosphideutektikum (Abb. 11), auch Steadit genannt, besteht aus Eisen, Phosphor und Kohlenstoff mit einem P-Gehalt von 6,9%. Es erscheint nach dem Ätzen in begrenzter Fläche, die gleichmäßig verteilte Punkte enthält.

Allgemeines über Herstellung der Schliffe und Entwicklung der Gefügebilder. Für die Herstellung der Schliffe und Entwicklung der Gefügebilder sind folgende Angaben von Klingenstein[1] bemerkenswert:

Man verwende keine zu großen Versuchsstücke, damit man sie beim Schleifen und Polieren leicht handhaben kann; eine Fläche von etwa 5 cm² ist hinreichend.

---
[1] Gußeisentaschenbuch von Dr. Th. Klingenstein.

In allen den Fällen, wo sich der Untersuchungswerkstoff bearbeiten läßt, schneidet man Scheiben von 10 ... 15 cm Dicke heraus. Die zur Untersuchung abgetrennten Stücke feilt oder hobelt man eben und schmirgelt dann an der geraden Seitenfläche einer groben Schmirgelscheibe. Dann werden sie an einer Schleifbank weiter geschliffen und schließlich poliert. Als Polierscheibe verwende man eine mit gutem Tuch bespannte Scheibe. Zum Polieren dient in Wasser aufgeschlemmte Tonerde, die für diesen Zweck in drei verschiedenen Sorten im Handel ist. Der Schliff wird mit Wasser gut abgespült, kurze Zeit in Alkohol gelegt und dann durch leichtes Betupfen mit weichem Filtrierpapier vollends getrocknet.

Abb. 8. Zementit.

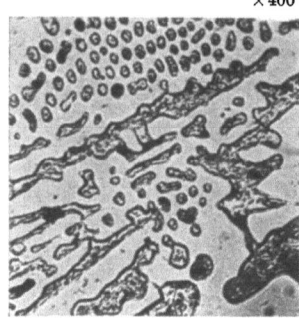

Abb. 9. Ledeburit.

In den wenigsten Fällen kann der Schliff, so wie er nach dem Polieren ist, unmittelbar zur Beobachtung herangezogen werden, doch soll man grundsätzlich jeden Schliff zuerst ungeätzt betrachten, weil man so fremde Einflüsse, wie Schlacke und Oxyde, meist sofort erkennen kann. Man erhält auch einen besseren Überblick über die Graphitverteilung und Sulfideinschlüsse. Der Graphit erscheint in ungeätztem Schliff in Form von schwarzen Adern auf weißem Grund, während die Sulfide als kleine blaugraue Einschlüsse von rundlicher Form zu erkennen sind.

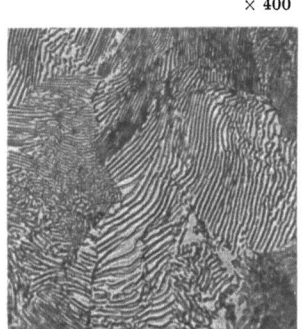

Abb. 10. Perlit.

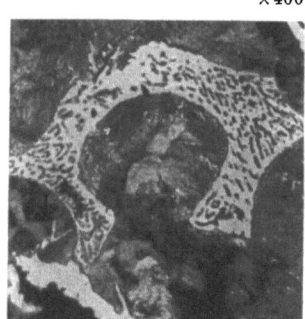

Abb. 11. Phosphideutektikum.

Zur Entwicklung des Gefüges werden die Schliffe mit chemischen Mitteln behandelt: sie werden geätzt. Die Ätzwirkung kann einerseits darin bestehen, daß die verschiedenen Strukturbestandteile verschieden stark angegriffen werden, oder daß sich durch die Reaktion des Ätzmittels mit dem Schliff Niederschläge bilden oder daß nur einzelne Bestandteile des Gefüges gefärbt werden. Zu beachten ist, daß vor dem Ätzen die Schliffe vollkommen fettfrei sein müssen, um Fehlätzungen zu vermeiden. Für die Untersuchung von Eisenlegierungen kommen in der Hauptsache nur die folgenden Ätzmittel in Frage:

Für die mikroskopische Betrachtung bewährt sich die Ätzung der Eisenschliffe mit Pikrinsäure in alkoholischer Lösung. Verwendet wird eine Lösung von 4 g Pikrinsäure in 100 cm³ Alkohol. Die Ätzdauer ist ziemlich kurz, etwa 10 s bei weichen Eisensorten.

Alkoholische Salzsäure wirkt ähnlich wie Pikrinsäure, nur ist die Ätzdauer ziemlich länger. Sie schwankt von etwa 3 ... 10 min. Eben wegen dieser längeren Dauer wird die alkoholische Salzsäure von manchen Seiten der Pikrinsäure vorgezogen, weil man die Ätzung besser regeln kann. Für rasches Arbeiten dürfte aber Pikrinsäure vorzuziehen sein. Als Lösung verwendet man 1 cm³ Salzsäure (1,19) in 100 cm³ Alkohol.

Zum Nachweis von Eisenkarbid (Zementit) in den Schliffen ätzt man mit Natrium-Pikratlösung, die folgendermaßen hergestellt wird: Man löst 2 g Pikrinsäure in 75 cm³ Wasser und 25 g Natrium-Hydroxyd, gießt die über den Niederschlag stehende Flüssigkeit ab und bewahrt sie in einer dunklen Flasche auf. Geätzt wird bei ungefähr 100°, am besten auf dem Wasserbad. Ätzdauer 3...5 min.

Beachtet muß werden, daß die Karbidteile nur dann dunkel gefärbt werden, wenn ihre Oberfläche nicht zu klein ist; im Perlit z. B. werden die Zementitlamellen nicht gefärbt. Außerdem wird darauf hingewiesen, daß das Phosphideutektikum (Steadit) ebenfalls dunkel gefärbt wird.

Für manche Untersuchung leistet das Anlassen der Schliffproben gute Dienste. Man kann z. B. durch Anlassen das Phosphideutektikum vom Eisenkarbid unterscheiden, da beim Anlassen das Karbid schon rötlich ist, während das Phosphid noch gelb erscheint. Der Schliff wird vor dem Anlassen leicht angeätzt, damit nachher die Gefügebestandteile scharf begrenzt erscheinen.

Angelassen wird in der Weise, daß man den Schliff auf eine Eisenplatte legt, die von unten durch einen Bunsenbrenner erhitzt wird. Auf der polierten Fläche des Schliffes, die nach oben sieht, kann man die Anlaßfarben sehr schön beobachten. Sobald die gewünschte Farbe eben erscheint, nimmt man den Schliff mit einer Zange rasch weg und schreckt ihn in Wasser oder Quecksilber ab, muß aber dafür Sorge tragen, daß die Schlifffläche nicht benetzt wird.

Um Schwefelseigerungen nachzuweisen, verfährt man folgendermaßen: Man legt ein Stück Bromsilberpapier, wie es zum Photographieren benutzt wird, in eine Schale, die verdünnte Schwefelsäure (1 Teil Schwefelsäure auf etwa 60 Teile Wasser) enthält und beläßt es dort, bis es gut vollgesogen ist. Dann nimmt man das Papier heraus, läßt den Überschuß der Säure abtropfen, legt es auf eine glatte Unterlage (Glasscheibe) mit der Schicht nach oben und bringt den Schliff darauf. Nach etwa 10 s entfernt man ihn wieder vom Papier und hat dann an den Stellen, wo eine Sulfidanreicherung im Schliff vorhanden war, eine Schwärzung des Bromsilberpapiers.

Das Papier wird dann in einem gewöhnlichen Fixierbad ausfixiert, um es haltbar zu machen.

Als Grundsatz gilt, daß man beim Arbeiten am Mikroskop immer zuerst schwache Vergrößerungen anwendet, um einen Überblick über das Gefüge zu bekommen, und erst dann mit stärkeren Vergrößerungen beobachtet. Man geht mit der Vergrößerung nur so weit, bis die Gefügebestandteile genügend aufgelöst sind. Die Beurteilung eines Schliffes nur bei starken Vergrößerungen ist schon aus dem Grunde nicht einwandfrei, weil man ja nur einen ganz kleinen Bruchteil des Gefüges tatsächlich zu sehen bekommt und es schwierig ist, einen Schliff so abzusuchen, ohne daß man irgendwo örtliche Unregelmäßigkeiten übersieht.

Der Gang einer mikroskopischen Untersuchung ist also folgender:

1. Herstellung des Schliffes.
2. Beobachtung des ungeätzten Schliffes auf fremde Einschlüsse oder Graphitverteilung bei schwacher Vergrößerung.
3. Entwicklung des Gefüges durch Ätzen. Liegt Verdacht auf Seigerungen vor, so ätzt man mit Kupferammonchlorid. In diesem Falle beobachtet man mit höchstens 5facher Vergrößerung.

4. Beobachtung am Mikroskop zuerst bei schwacher Vergrößerung zum Überblick, dann geht man zu stärkeren Vergrößerungen über.

Vom Deutschen Normenausschuß sind bestimmte Vergrößerungen festgelegt worden, die nach Möglichkeit einzuhalten sind: 40, 80, 100, 150, 200, 300, 400, 600, 800, 1200 fach.

Überhaupt ist es zweckmäßig, bei der Untersuchung gleichen oder ähnlichen Werkstoffes jeweils dieselben Vergrößerungen zu benutzen, damit man ohne weiteres vergleichen kann.

Metallographie und Perlitguß. Die Metallographie hat merkwürdigerweise in den praktischen Gießereibetrieb erst Eingang genommen durch das Aufsehen, daß die Inhaber des Perlitgußpatents mit ihren Forderungen machten. Sie beanspruchten nicht mehr und nicht weniger als das perlitische Gefüge für sich allein. So sehr es zu begrüßen war, daß hierdurch die Gießereiwelt etwas aufgerüttelt wurde, so unverständlich blieb die Forderung der Patentinhaber, da perlitisches Gefüge schon immer erzeugt wurde. Keiner wollte dem Patentinhaber das Patent streitig machen, das folgendes Verfahren schützt: Es wird eine Gattierung gewählt, die durch ihren niedrigen Si-Gehalt normalerweise weiß erstarren muß; dann aber wird diese Art des Erstarrens durch eine folgende Warmbehandlung verhütet: Die Formen werden vor dem Gießen angewärmt und dadurch die Schmelze so allmählich abgekühlt, daß doch ein graues Gefüge, und zwar ein rein perlitisches, entsteht.

Nun gibt es aber auch andere Möglichkeiten, perlitische Gefüge zu erzeugen, wie schon unser Beispiel für die Gattierung eines Zylinders gezeigt hat. So gegossene Gußstücke hatten schon immer perlitische Gefüge, nur hat der Gießer es daraufhin nicht mikroskopisch untersucht.

Das Verfahren von Emmel, das hauptsächlich durch hohen Stahlschrotteinsatz zu vorher nicht gekannten Festigkeiten von 32 ... 38 kg kam, gab einen Anreiz, der Verwendung von Stahlschrott größere Aufmerksamkeit zu widmen, da man hierdurch ziemlich sicher perlitisches Gefüge erreicht. Der Verfasser hat ein Verfahren entwickelt, das ermöglicht, im Kupolofeneisen den Kohlenstoff bis auf 1% herabzudrücken. Dieser Stoff ist natürlich kein Grauguß mehr; er hat Festigkeiten bis zu 45 kg/mm^2 und darüber und ist warm schmiedbar. Im übrigen gehört er aber nicht in den Kreis dieser Betrachtungen.

Jedenfalls hat das letzte Jahrzehnt der Eisengießerei einen erheblichen Fortschritt gebracht: Die Verbesserung der Festigkeiten und sonstiger Eigenschaften des Grauguß. Nicht zuletzt ist das den Erkenntnissen, die uns die Metallographie vermittelt hat, zu danken.

IV. Das Schmelzen.

A. Der Kupolofen.

Der Kupolofen ist ein Schachtofen zylindrischer Form, in Höhen von 4 ... 7 m aus feuerfesten Steinen aufgemauert, die durch einen Blechmantel zusammengehalten werden (Abb. 12).[1] Die angeführten Höhen entsprechen einer lichten Weite von 500 ... 1200 mm und darüber. Die Öfen werden mit und ohne Vorherd gebaut. Dieser hat den Zweck, das Eisen zunächst zu sammeln und es dadurch gleichmäßiger in der Zusammensetzung zu bekommen, was für größere Stücke durchaus zu empfehlen ist. Im Laufe der Jahre sind eine Reihe von Kupolofen-

---

[1] Diese Abb. sowie einigeandere, Gießereieinrichtungenbetref fen de, sind im Einverständnis mit dem Herausgeber, Herrn Prof. Dr.-Ing. Geiger, dem Handbuch der Eisen- und Stahlgießerei entnommen.

bauarten entstanden und wieder verschwunden, ohne daß sich eine einheitliche durchgesetzt hat.

Die Versuche, durch mehrere Düsenreihen und durch Vorwärmen bzw. Erhitzen des Windes u. a. m. den Brennstoff besser auszunützen und das flüssige Eisen stärker zu überhitzen, haben nicht dazu geführt, den normalen Kupolofen, dessen Windformen nach Anzahl und Größe im richtigen Verhältnis zur erforderlichen Windmenge stehen, irgendwie zu verdrängen. Allein die Erfüllung dieser Bedingung ist ausschlaggebend für den guten Ofengang, während die Form der Düsen eine geringere Rolle spielt. Einer der besten Kupolöfen ist der von Krigar, doch haben auch andere Bauarten durchaus befriedigende Ergebnisse gebracht. Der Kupolofen wird vielfach noch von Hand oder durch Kippwagen beschickt. Für größere Öfen ist aber eine mechanische Beschickung zu empfehlen, ihre Anwendung ist wirtschaftlich und die früher gehegten Befürchtungen, Eisen und Koks könnten unregelmäßig begichtet werden und sich dadurch ungünstiger auf die Zusammensetzung des Schmelzbades auswirken, sind nach den Erfahrungen unbegründet.

Im Werkstattbuch Heft 10 wird über Kupolofenbetrieb eingehender berichtet.

B. Der Schmelzkoks und die Zuschläge.

Der Schmelzkoks. Als Brennstoff für den Kupolofenbetrieb kommt in Deutschland nur Schmelzkoks in Frage, und zwar in erster Linie rheinisch-westfälischer und niederschlesischer.

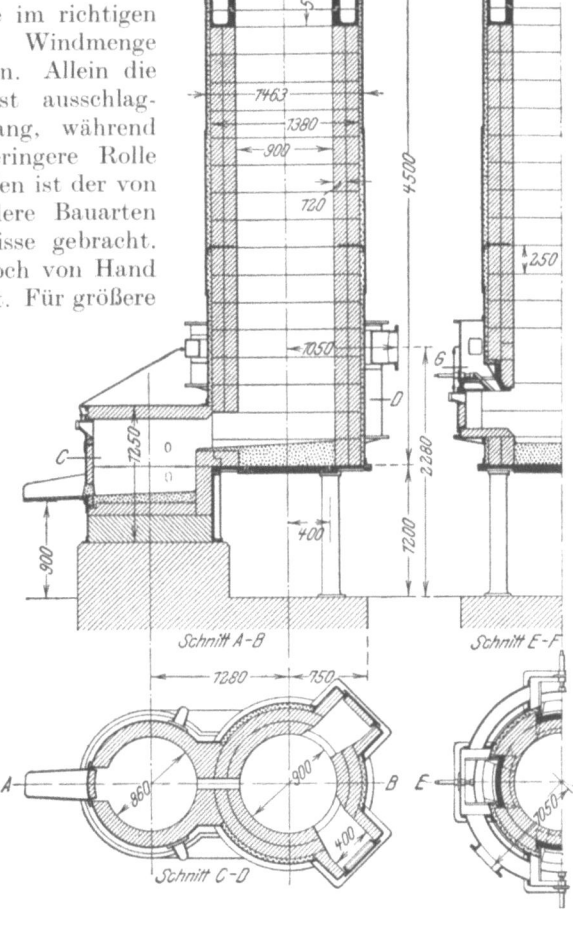

Abb. 12. Kupolofen mit Vorherd.

Schmelzkoks muß dicht, fest und schwer entzündbar sein, er soll einen möglichst geringen Schwefel- und Aschengehalt haben. Poröser und unfester Koks kann weder dem Aufwerfen der Eisengichten im Kupolofen standhalten, noch eine gute Schmelzleistung vollbringen, da er unvollkommen verbrennt. Leicht entzündlicher Koks verbrennt vorzeitig, während er erst in der Schmelzzone verbrennen soll. Aus diesem Grunde ist ein gewisser Wassergehalt, der allerdings nicht als Koksgewicht bezahlt werden darf, nicht unerwünscht. Der Schwefelgehalt spielt beim Gießereikoks eine sehr erhebliche Rolle, da Schwefel vom Eisen begierig aufgenommen wird.

Durchschnittsanalysen von westfälischem Gießereikoks ergaben etwa 10% Asche, 1,10% Schwefel, 85% Kohlenstoff bei 3...4% Feuchtigkeit als Mittelwerte. Der Heizwert guten Schmelzkokses soll wenigstens 7000 WE betragen.

Der Zuschlag. Um aus der Koksasche und den am Roheisen haftenden Sandkörnern eine leichtflüssige Schlacke zu bilden, besonders aber auch um den Schwefelgehalt des Kokses zu binden und ihn zu verhindern, in das flüssige Eisen überzugehen, ist ein Zuschlag von Kalkstein zu jeder Eisen- und Koksschicht und auch beim Füllkoks zu geben. Die Höhe dieses Kalksteinzuschlages soll 20...30% des Koksgewichtes betragen. Es ist darauf zu achten, daß der Kalkstein möglichst frei von fremden Bestandteilen ist. Auch Flußspat wird häufig als Zuschlag gegeben. Ihn ausschließlich zu verwenden, ist allerdings nicht ratsam, da er das Kupolofenfutter stark angreift.

C. Der Schmelzprozeß im Kupolofen.

Im Gegensatz zum Hochofen, in dem das Erz reduziert — Eisen vom Erz getrennt — und das Eisen gekohlt wird, soll im Kupolofen der Einsatz chemisch nicht verändert, sondern nur umgeschmolzen werden; der Brennstoff soll nur zur Wärmeerzeugung dienen. Das Bestreben geht also dahin, mit einer gewissen Brennstoffmenge eine möglichst große Menge Eisen flüssig zu machen und zu überhitzen. Dazu ist aber nötig, daß der Brennstoff möglichst vollständig zu Kohlensäure verbrannt wird und die Abgase kein oder nur wenig Kohlen-

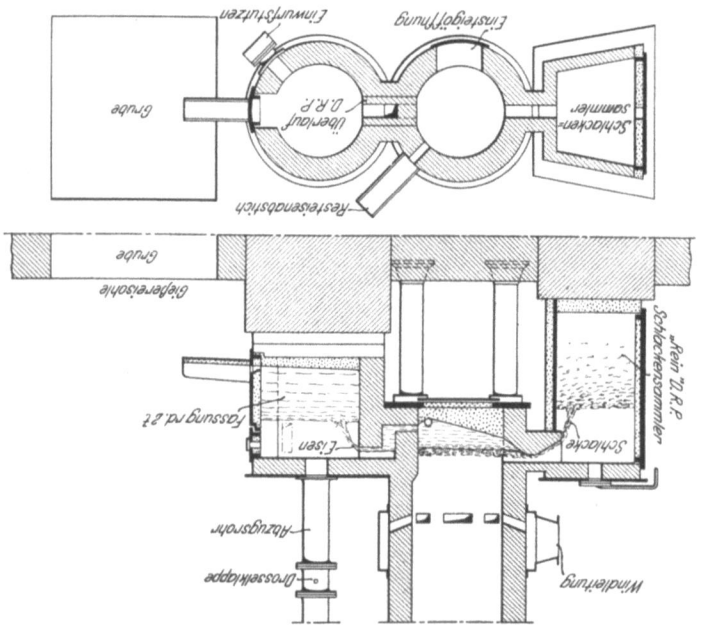

Abb. 13. Entschweflung und Schlackensammler.

oxyd enthalten. 1 kg Kohlenstoff zu Kohlendioxyd (Kohlensäure) verbrannt, erzeugt etwa 8080 WE, 1 kg Kohlenstoff zu Kohlenoxyd verbrannt, nur etwa 2470 WE. Brennstoffmenge und Windmenge in das richtige Verhältnis zu bringen, ist ein Haupterfordernis zur Erzielung eines heißen flüssigen Eisens, und dieses wieder eine Hauptbedingung zur Erreichung eines guten und dichten Gusses. Mattes Eisen kann oftmals mehr Schaden anrichten als Fehler in der Zusammensetzung. Vielfach sind schlecht arbeitende Kupolöfen Ursache ständigen Ausschusses, während in Unkenntnis dieser Dinge die Schuld an der Zusammensetzung des Eisens gesucht wird.

Es ist daher auch falsch, am Schmelzkoks allzusehr sparen zu wollen, aber noch unrichtiger zu glauben, daß übermäßige Koksmengen das Eisen etwa heißer machen: das Gegenteil kann eintreten. Die normale Satzkoksmenge beträgt

Sonstige Schmelzöfen.

10% des Eisengewichts. Gutgehende Öfen brauchen nur 8%. Über 12% Schmelzkoks (Satzkoks) sollte der normale Kupolofen nicht verbrauchen. Als normale Windmenge kann man 100 m³/min für 1 m² Ofenquerschnitt gelten lassen; einen besseren Anhalt gibt die Regel, daß 1 kg Satzkoks 10 m³ Wind erfordern, also beispielsweise eine Stundenschmelzung von 5000 kg: 500...600 kg Koks und 5000...6000 m³/h oder 85...100 m³/min Wind.

Nachstehend folgt eine Zahlentafel, aus der die Verhältnisse von Ofendurchmesser zu Ofenleistung und die erforderlichen Windmengen zu ersehen sind.

Ofendurchmsser mm	Stündliche Schmelzung kg	Windmenge m³/min	Windleitungsdurchmesser mm
500... 550	1000...1500	20... 25	200
550... 600	1500...2000	25... 30	200
600... 650	2000...2500	30... 35	225
650... 700	2500...3000	35... 45	225
700... 750	3000...3500	45... 55	250
750... 800	3500...4000	55... 70	275
800... 900	4000...5000	70... 85	300
900...1000	5000...6000	85...100	325
1000...1100	6000...7000	100...120	350
1100...1200	7000...8000	120...140	375

Dem Winddruck kommt nicht diejenige Bedeutung zu, die ihm früher beigemessen wurde. Sicherlich kann man unter Berücksichtigung des über die Windmenge Gesagten für jeden Kupolofen einen gewissen Winddruck auch als normal festlegen. Schwankungen in der Beschickung des Ofens, einmal durch mehr sperrige, ein andermal durch kleinstückigen Einsatz werden aber auch Schwankungen des Winddruckes herbeiführen, sofern als Windlieferer nicht die früher üblichen Ventilatoren benutzt werden, sondern Gebläse, die die angesaugte Windmenge auch durch den Ofen führen, unbeschadet der jeweiligen Stärke des Widerstandes durch den Ofeninhalt. Am zuverlässigsten arbeiten Kapsel- und Turbogebläse unmittelbar mit Elektromotoren gekuppelt, deren Umdrehungszahl geregelt werden kann.

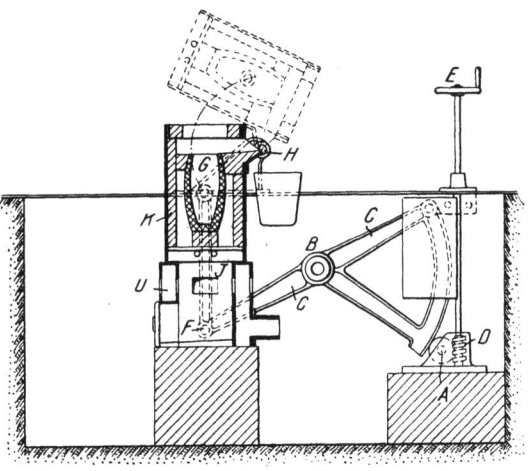

Abb. 14. Kippbarer Tiegelofen.

Für den glatten Verlauf des Schmelzens ist es wichtig, daß die Ausmauerung bzw. Ausstampfung des Ofeninnern immer tadellos imstande ist. Das Ausstampfen ist übrigens, richtig angewandt, dem Ausmauern vorzuziehen, schon weil sich an einem ausgestampften Futter die täglichen Ausbesserungen zuverlässiger durchführen lassen als an einem ausgemauerten. Wie mit engsten Fugen ausgemauert werden muß, so muß möglichst fest aufgestampft werden, da eine lockere Auskleidung die Widerstandsfähigkeit gegen Feuer und mechanische Beanspruchung abschwächt. Es muß deshalb mit Preßluftstampfern gearbeitet werden. Es empfiehlt sich auch, in die aufgestampfte Wandung Luftabführungen einzubringen.

24   Das Schmelzen.

Ausgebranntes Ofenfutter gibt Anlaß zum „Hängen" des Ofens, d. h. der Eisen-
einsatz, namentlich wenn er die Grenze für zulässige Stückgrößen erreicht oder gar
überschreitet, hält sich beim Niedergehen der Gichten an den Futterausfressungen
fest, und der Ofengang ist gestört. Ist es schon ohne eine solche Störung nicht
leicht, im Kupolofen immer die gleichen Bedingungen für die erforderlichen
günstigsten Verhältnisse zwischen Luft, Brennstoff und Schmelzstoff zu haben, muß ein Hängenbleiben der oberen Gichten auf Zusammensetzung und Temperatur des flüssigen Eisens einen starken Einfluß haben, wenn es nicht gar das Schmelzen unterbricht. Weder zu sperrige Stücke dürfen aufgegeben werden noch zu kleine, die den Ofen zudecken und der Luft bzw. den Gasen den nötigen Abzugsquerschnitt versperren. Die Koksstücke sollten im Ofen faustgroß sein; da sie aber von dem Einwerfen der Eisenstücke ohnehin zerkleinert werden, müssen sie schon wesentlich großstückiger aufgegeben werden. Schließlich kommt

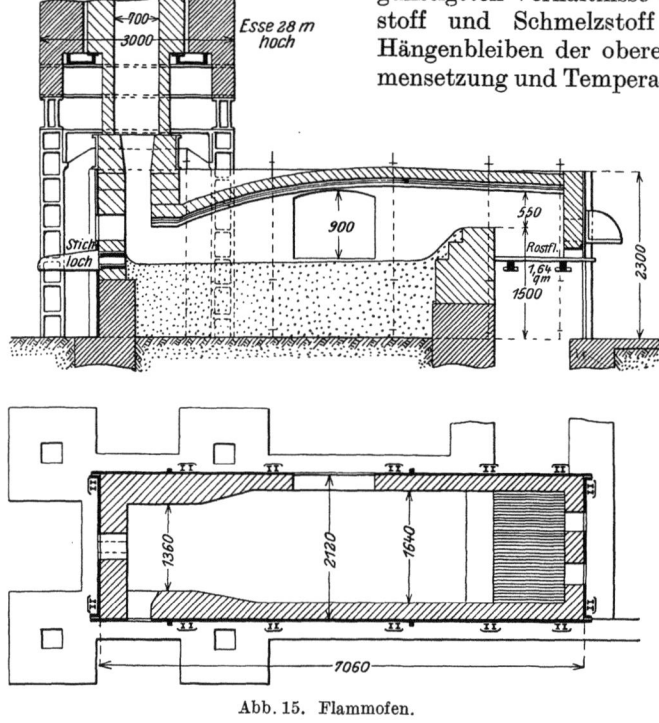

Abb. 15. Flammofen.

noch der Zustellung des Stichloches besondere Bedeutung zu. Eine unsachgemäße
Behandlung hat schon oft zu Betriebsstörungen Anlaß gegeben.

D. Sonstige Schmelzöfen.

In der Eisengießerei hat der Kupolofen als Schmelzofen die führende Rolle,
seine Anpassungsfähigkeit an den jeweiligen Umfang der Erzeugung und an die
Bedürfnisse der Fertigung wird von keinem anderen Schmelzofen erreicht.

Tiegelöfen (Abb. 14) kommen für das Einschmelzen von Gußeisen kaum in
Frage; ihr Betrieb, besonders der Brennstoffverbrauch, ist viel zu unwirtschaftlich.
Dagegen findet man in manchen Betrieben, z. B. in Walzengießereien noch den
früher mehr verwandten Flammofen (Abb. 15). Er dient im wesentlichen einmal
zum Einschmelzen von schweren Gußbruchstücken, deren Beförderung und
Zerkleinerung für andere Verwendung zu viel kosten würde, dann zum Vergießen von ebensolchen großen Gußstücken, namentlich von Walzen. Der Brennstoffverbrauch ist auch beim Flammofen viel höher als beim Kupolofen, so
daß keine Veranlassung vorliegt, diesen durch jenen zu ersetzen.

In den letzten Jahren ist besonders dem Ölflammofen das Wort geredet
worden. Man will in diesem das Schmelzbad überhitzen, um so die Güte des

Gusses zu verbessern. Einen stärkeren Eingang in den Eisengießereibetrieb haben sich auch diese Öfen nicht zu verschaffen vermocht, und der mit so großen Hoffnungen aufgenommene vereinigte Ölflamm-Kupolofen hat leider gar nicht gehalten, was man sich von ihm versprach.

Elektrische Schmelzöfen, Abb. 16, werden in Deutschland selten aufgestellt. Der Anschaffungspreis ist sehr hoch und die Kosten für den Strom sind auch nur unter besonders günstigen Verhältnissen erträglich. Der elektrische Ofen ist zweifellos geeignet, besonders edle Sorten zu erzeugen, dagegen fehlen ihm auch die Vorteile, die mit der ununterbrochenen Lieferung des flüssigen Eisens nach den Bedürfnissen des Betriebes verbunden sind, wie es nun einmal der Kupolofen zu leisten vermag.

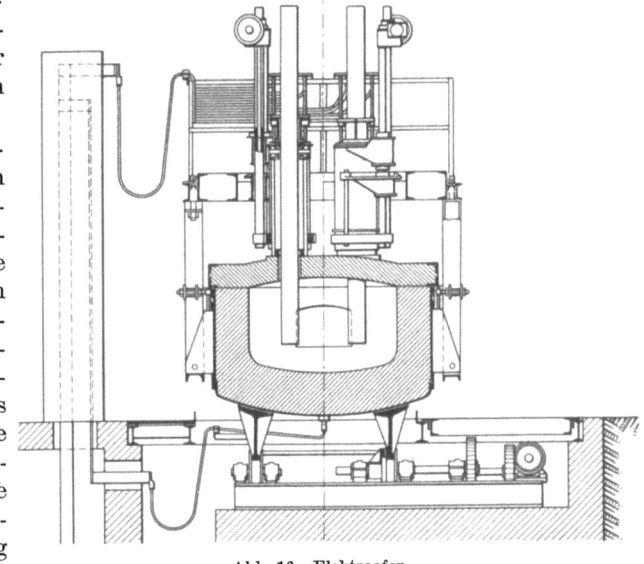

Abb. 16. Elektroofen.

V. Formen und Gießen.

A. Formstoffe und Einrichtungen.

Sand. Für das Gelingen des Gusses sind gute Form- und Kernsande unerläßlich. Korngröße, Bildsamkeit, Gasdurchlässigkeit, Feuerfestigkeit u. a. müssen den Bedingungen, die eine nasse oder grüne Form oder eine trockene (Masse-) Form an sie stellen, entsprechen. Formsandgruben sind überall im Deutschen Reiche, aber solche, die wirklich guten Formsand enthalten, doch nur in einigen Gebieten: um Halle, in der Rheinpfalz, am Niederrhein, in Westfalen und im Harz. Diese Sande sind meistens ohne weitere Aufbereitung lediglich unter Vermischung von gebrauchtem Sand (Altsand) zum Formen zu verwenden. Aus wirtschaftlichen Gründen kann nun nicht jede Gießerei sich diese Sande kommen lassen; sie muß bestrebt sein, mit billig zu beschaffendem Stoff auszukommen.

Abb. 17. Sandmisch- und Schleudermaschine.

26   Formen und Gießen.

Die Formsande werden eingeteilt in **magere** und **fette** Sande, in **feinkörnige** und **grobkörnige**. Die Bildsamkeit ist abhängig vom Tongehalt: je mehr Ton im Sand, um so fetter ist er. Neben anderen Bestandteilen, wie Feldspat, enthalten die Sande in der Hauptsache Quarz. Als schädlicher Bestandteil gilt Kalk. Porigkeit und Gasdurchlässigkeit sind stark abhängig von der Formgröße und Form. Sind sie von Natur aus nicht genügend vorhanden, werden dem Sande Zusatzstoffe beigegeben, z. B. Sägemehl (bei Lehm und Kernsand), Pferde- und Kuhdung u. a. Die größte Rolle aber spielt der **Steinkohlenstaub**, der besonders dem Modellsand beigemischt wird, um das Anbrennen an der Oberfläche der Gußstücke zu verhindern.

Sanden, die zu geringe Bildsamkeit aufweisen, werden Bindemittel zugegeben, z. B. Öle und Harze, Mehle, Melasse, Sulfitlauge u. a. Mit diesen Zusatzstoffen,

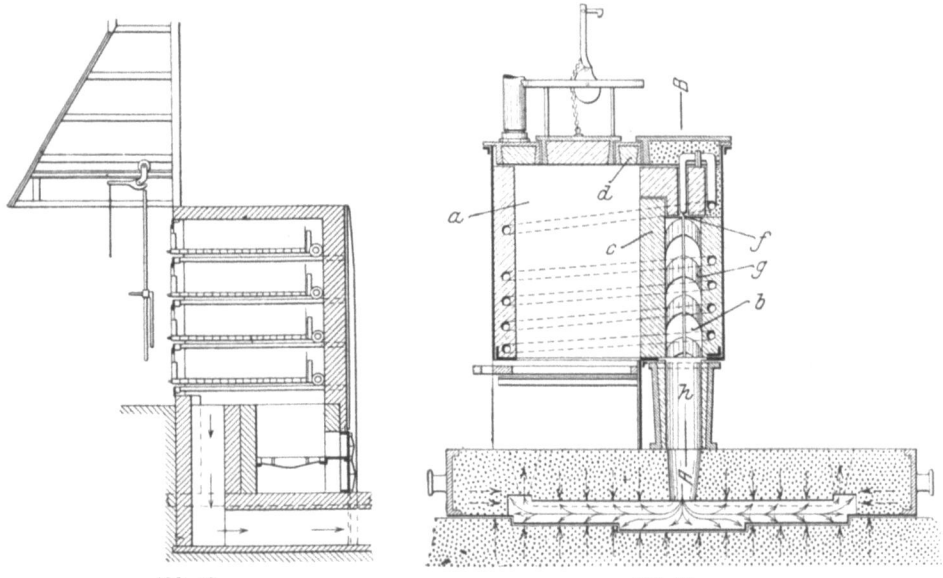

Abb. 18.   Abb. 19.
Schranktrockenofen für Kleinkerne.   Trockenapparat für ortsfeste Formen.

die zum Teil allerdings verhältnismäßig teuer sind, lassen sich selbst Sande, wie z. B. Mauersand, die von Natur aus überhaupt nicht bildsam sind, für Form- und Kernzwecke sehr gut verwendbar machen.

Der Sand muß mit diesen Zusätzen natürlich sehr sorgfältig vermischt und aufbereitet werden. Zu diesem Zwecke ist eine große Anzahl von Sandaufbereitungsmaschinen entstanden, von denen hier nur die wichtigste, eine Mischmaschine (Abb. 17) erwähnt werden soll. Sie ist ein unentbehrliches Hilfsmittel auch dann, wenn günstige Formsandverhältnisse vorliegen, schon wegen der Aufarbeitung des Altsandes. Die Maschine ist leicht zu befördern und in vielen Fällen geeignet, selbst in großen Gießereibetrieben verwickelte Sandaufbereitungen zu ersetzen.

Trockenöfen. Für das Trocknen von Formen und Kernen werden Öfen gebraucht, die hauptsächlich feststehend als Kammern ausgebildet sind (Abb. 18), in die die ganze Form hineingefahren wird, öfter auch ortsbeweglich gebaut sind, zum Einsetzen in große Formen (Abb. 19). Diese Trockenöfen werden meistens durch feste Brennstoffe beheizt, durch Koks, Kohle, aber auch durch Öl- und Gas. Für die Eisengießerei kommen Temperaturen in Frage zwischen 150 und 400°.

B. Die verschiedenen Formarten.

Modellformerei in Sand und Masse. An Formarten unterscheidet man, abgesehen von der Unterteilung nach Modell-, Schablonen- und Maschinenformerei, Sandformen in grünem oder nassem Formsand und solche in getrocknetem, mit Graphitschwärze gegen Anbrennen überzogenem Sande, in Norddeutschland Masseformerei genannt. In grünem Sande werden alle kleineren Stücke und fast der gesamte Formmaschinenguß hergestellt, während große Stücke, um die Gefahr des Ausschußwerdens zu verringern, fast immer in getrockneten Formen vergossen werden, die dem Ansturm des Eisenflusses einen größeren Widerstand entgegensetzen können als nasse Formen. Es gibt allerdings Gießereien, die auch Gußstücke von einigen tausend Kilogramm Stückgewicht noch grün zu gießen gewohnt sind; ihnen muß auch ein für diese Zwecke besonders geeigneter Formsand zur Verfügung stehen.

Für die Ausführung eines äußerlich sauberen und genauen Gußstückes ist das Vorhandensein eines durchaus einwandfreien und formgerechten Modells eine Voraussetzung, der leider nicht immer entsprochen wird. Es wird dieserhalb auf Hefte 14 und 17 der Werkstattbücher verwiesen, deren Studium dem jüngeren Eisengießer nicht dringend genug empfohlen werden kann.

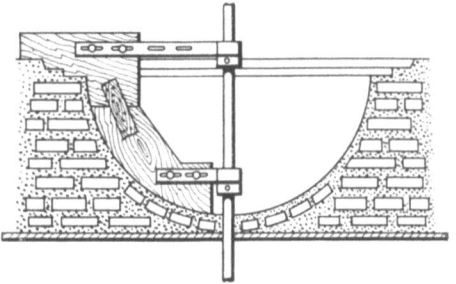

Abb. 20. Schablonenform in Lehm.

Schablonenformerei in Sand, Masse und Lehm. Alle größeren Gußstücke, die in ihrer Hauptform nach als rund angesprochen werden, sollten, besonders wenn sie als Einzelstücke auszuführen sind, nach Schablonen hergestellt werden und das kann geschehen vom einfachsten Ring in Sand und Masse bis zum größten Schiffszylinder und doppelwandigem Kompressorenzylinder — dann aber in Lehm (Abb. 20). Die Lehmform ist widerstandsfähiger gegen die mechanischen und Feuereinwirkungen des Schmelzflusses. Eine Lehmform läßt sich auch besser glätten und polieren, so daß die Gußhaut glatter wird.

Aber nicht nur runde, sondern auch andere große Gußstücke, z. B. Betten für Werkzeugmaschinen, werden nach Schablonen geformt (siehe Abb. 22 u. 23).

C. Einiges zum Aufbau der Formen und zum Gießen.

Kerne. Die Fertigung und der richtige Einbau der Kerne ist je nach deren Umfang und Konstruktion eine der schwierigsten Aufgaben der Formkunst. Nicht nur, daß die Kerne selbst sehr sorgfältig angefertigt werden müssen — wobei wieder die Luftabführung das wichtigste ist — erfordert ihr Ein- und Zusammenbau in der Form gründliche Überlegungen und Erfahrungen. Beim Einlegen der Kerne muß immer die Zeichnung des Werkstückes bei der Hand sein. Die Wanddicken sind mit Kernstützen gegen Verschiebung und Auftrieb der Kerne zu sichern. Eine gute Verzinnung dieser Kernstützen ist besonders wichtig: Rost und Feuchtigkeit an ihnen gibt Anlaß zu Unruhe beim Gießen, und demzufolge zu Blasenbildung und Undichtigkeit im Gußstück. Größte Beachtung verdient die Luft- und Gasabführung aus Form und Kern, die nicht immer leicht zu erreichen ist. Von diesen Schwierigkeiten sollte der Konstrukteur gut unterrichtet sein; er würde dem dann sicherlich mehr Rechnung tragen durch Vorsehen von Öffnungen für Luftabführung und Kernauflage in den Wandungen verwickelter Gußstücke. Die Kosten für das nachträgliche Verschrauben oder Verflanschen solcher Hilfsöffnungen sind gering im Verhältnis zu der Gefahr des Ausschusses, der gerade durch Kernverlagerung und ungenügende Luftabführung so häufig auftritt. Auch die gut verzinnte Kernstütze ist immer ein Fremdkörper im Fleisch des Gusses und gern verzichtet der Gießer, wenn er kann, auf dieses notwendige Übel. Scharfe Kanten von Form und Kern müssen, auch wenn diese innerlich durch Kerneisen versteift sind, gegen den eindringenden Eisenstrom besonders gehalten sein und ihre Oberfläche muß noch durch Sandstifte gesichert werden. Sandstifte sind aber auch bei großen, namentlich in der Form waagerechten Flächen angebracht.

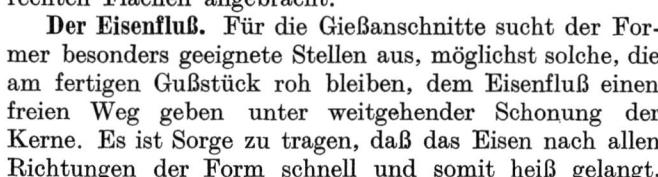

Abb. 21.

Der Eisenfluß. Für die Gießanschnitte sucht der Former besonders geeignete Stellen aus, möglichst solche, die am fertigen Gußstück roh bleiben, dem Eisenfluß einen freien Weg geben unter weitgehender Schonung der Kerne. Es ist Sorge zu tragen, daß das Eisen nach allen Richtungen der Form schnell und somit heiß gelangt, in dem Bestreben, die Form rasch zu füllen. Bei sehr hohen Gußstücken ist für mehrere in der Höhe unterschiedlich angebrachte Anschnitte zu sorgen, um ein Erkalten des steigenden Eisens zu verhindern. Eingüsse und Anschnitte müssen das richtige Querschnittsverhältnis haben: Es ist zwecklos oder gar schädlich, den Querschnitt der Anschnitte größer zu wählen, als den Querschnitt des Eingusses, da in einem solchen Anschnitt der Eisenstrom abreißt, — was vermieden werden muß.

Wenn es bei großen Stücken unvermeidlich ist, daß das Eisen aus ziemlicher Höhe herunterschießt, müssen die Auffallstellen besonders sorgfältig geformt sein.

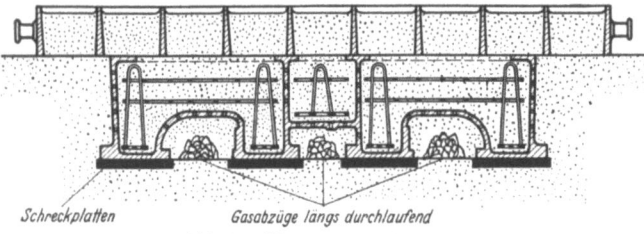

Abb. 22. Werkzeugmaschinenbett.

Es empfiehlt sich der Einbau eines feuerfesten Steines der gegen den Aufprall widerstandsfähiger ist als trockener Sand oder Lehm.

Der Eingu ß — oder bei großen Stücken die Eingüsse — muß so auf der Form aufgebaut sein, daß er mit den Gießpfannen leicht zu erreichen ist. Er muß so eingerichtet sein, daß sich beim Gießen zunächst ein Vortümpel füllt und ein Eindringen der Schlacke in die Form verhindert wird (Abb. 21). Stopfen, die den Eingu ß erst beim gefüllten Tümpel freigeben, sollten bei großen Formen immer verwendet werden.

Dichtigkeit des Gusses. Ergibt der Aufbau von Form und Kern besonders starke Eisenansammlungen, so sind zur Vermeidung von Lunker oder auch zu starker Graphitausscheidung Kühlnägel und Abschreckplatten anzubringen; wenn irgend möglich sollten aber solche Konstruktionen vermieden werden. Bei Werkzeugmaschinenguß ist ihre Anwendung allerdings unvermeidlich (Abb. 22). Beim Guß von größeren Zylindern und Buchsen, die besonders dicht sein sollen, empfiehlt sich immer noch der Aufsatz eines verlorenen Kopfes. Man lasse sich nicht durch den Hinweis unnötiger Stoffverschwendung und der zusätzlich entstehenden Kosten für das Abstechen des Kopfes verleiten, ohne Kopf zu gießen. Die Ausschußgefahr erfordert die Anwendung dieser Vorsichtsmaßnahme.

Ein Nachgießen — Durchgießen — nach gefüllter Form ist vielfach angebracht, wie man auch bei dickwandigen Stücken gern die Steiger nachfüllt.

Bei Eisen, das zum Lunkern neigt, hilft allerdings dieses Verfahren auch nicht immer.

Sicherheit vor Gefahren. Schon während des Gießens sind die entweichenden Gase zu entzünden; sie können dadurch schneller weg, so wohl an den seitlichen Abführungen wie an den Steigern.

Die Form ist gut zu verklammern und zu beschweren. Selbst alten erfahrenen Gießern kommt es immer mal wieder vor, daß eine Form „durchgeht". Nicht nur ist dann das Stück Ausschuß, es können, was viel ernster ist, Menschen schwer verletzt werden oder gar in Lebensgefahr kommen. Ist man im Augenblick nicht in der Lage, den Auftrieb zu errechnen, so soll man bei seinen Schätzungen lieber eine doppelte und dreifache Sicherheit anwenden, als mit der Beschwerung der

Abb. 23. Zusammenbau einer großen Form.

Form gerade an der Grenze des Erforderlichen zu bleiben. Dieselbe Vorsicht ist bei der Füllung der Pfannen anzuwenden. So schön und elegant es für das Auge wirkt, wenn beim Füllen einer Form von vielleicht 30000 kg die Pfannen bis auf den letzten Tropfen geleert sind, von dem verantwortlichen Leiter wird diese Feststellung doch immer mit einem gewissen Unbehagen aufgenommen.

Verantwortlichkeiten. Leider steht hier nicht der Raum zur Verfügung, die ganzen Vorbereitungen, das Formen, den Aufbau einer großen Form (siehe z. B. Abb. 23), das Gießen, Ausleeren, Ausstoßen, Putzen und Verladen so zu beschreiben, um erkennen zu lassen, welche Verantwortung alle Beteiligten, an der Spitze der Gießereileiter, zu tragen haben und

Abb. 24. Preß- und Rüttelformmaschine.

welche Sorgen mit diesen Arbeiten während der ganzen Ausführungszeit ständig verbunden sind. Nur wer die große Zahl von Möglichkeiten kennt, die zum Mißlingen des Gusses führen können, kann auch den Wert eines wohlgelungenen Stückes beurteilen. Viele Maschinenbauer, die ein Eindringen in die Form- und Gießkunst niemals für wichtig gehalten haben, sind mit der Kritik am Ausschuß schnell bei der Hand. Man berücksichtige, daß eine schlecht verzinnte rostige Kernstütze die Ursache des Ausschusses sein kann. Oder ein kleiner Teilkern, der vielleicht bei der Beförderung zerbrochen, schnell nachgemacht und nicht genügend getrocknet war, ein unglücklicher Handgriff eines an sich sehr zuverlässigen Formers beim Einlegen eines Kernes an einer Stelle, die schlecht zugänglich ist. Man denke an den tagelangen Aufbau großer Formen, in denen der Former barfuß — jedenfalls ohne Schuhe — Kern auf Kern baut: wie leicht kann hier Sand oder ein anderer Fremdkörper in die Form fallen. Eine solche große, offene Form kann übrigens mit der Zeit Feuchtigkeit aufnehmen, was wiederum Ursache zum Mißlingen sein kann. Wehe dem Abguß, wenn an irgendeiner Stelle Luft aus Kern oder Form in das flüssige Eisen eindringt. Um das zu vermeiden, bedarf es höchster Kunst und Erfahrung. Kleine Fahrlässigkeiten können größte Wirkung haben und nur ein erfahrener Gießer weiß, was alles auftreten kann, eine mit großem Fleiß und vielen Kosten durchgeführte Arbeit in der Gießerei mit einem Schlage zu vernichten. Wer hat es noch nicht erlebt, daß ein sonst zuverlässiger Kranführer beim Angießen mit der Pfanne einen Eingußaufbau umwirft und damit die ganze Form unbrauchbar macht. Ähnliche verheerende Wirkungen kann der Kranführer beim Einrichten der Form durch Unachtsamkeit anrichten. Oft ist es vorgekommen, daß bei großen Formen das flüssige Eisen sich infolge des ungeheuren Druckes einen Weg in den Erdboden suchte und vor den Augen der staunenden Gießer verschwand. In welch einem andern Betriebe kann irgendeine Betriebsstörung so unheilvolle Folgen haben, wie gerade in der Gießerei? Was bedeutet es schon, wenn ein Kran bei Beförderung eines Werkstückes einmal einige Minuten versagt; im allgemeinen gar nichts. Ereignet sich der Fall aber während des Gießens, so daß die Pfanne entsprechend der Leerung nicht sofort gehoben werden kann, dann ist der Guß verloren, da eine Unterbrechung des Gießens alles verdirbt bzw. ein späteres „Nachfüllen" den Abguß nicht mehr retten kann.

Ähnliche Möglichkeiten bestehen zu Dutzenden und es würde zu weit führen, sie hier alle aufzuzählen.

D. Maschinenformerei.

Für das Formen von Massenteilen hat man schon frühzeitig erkannt, welche Vorteile es bringt, statt Einzelmodelle Platten zu verwenden, auf denen so viele Modelle angebracht werden, wie es der Formkasten zuläßt. Diese Einrichtung gestattet es, sämtliche Modelle mit einem Schlage herauszunehmen. Die ersten Formmaschinen hatten die Aufgabe, diese Platten mechanisch, also sicherer und leichter als von Hand abzuheben. Später ist man dann dazu übergegangen, um das Stampfen zu vermeiden und den Sand schneller zu verdichten, den Maschinen Preßvorrichtungen zu geben. Diese werden teils mechanisch durch Hebeldruck, teils aber hydraulisch oder mit Luftdruck betrieben. Auch mit Rüttelvorrichtungen zur Sandverdichtung sind Formmaschinen eingerichtet worden und selbst mehrere Verfahren zugleich, z. B. Pressen und Rütteln, finden Anwendung (Abb. 24). Über die Einrichtung von Modellen für die Massenfertigung und die Herstellung von Modellplatten geben Fr. und Fe. Brobeck in Heft 37 der Werkstattbücher wertvollen Aufschluß.

E. Dauerformen.

Als einfachste Art, Gußstücke zu gießen, erscheint die Benutzung einer Dauerform. Sie ist in manchen Fällen anwendbar, wenn es sich um Formen handelt, die beim Herausnehmen des Abgusses unbeschädigt bleiben können. In diesen Fällen wird dann ein besonders feuerfester Sand benutzt und es ist durchaus möglich, eine größere Anzahl von Abgüssen in diesen Dauerformen zu vergießen. Erweiterte Anwendung finden Dauerformen aus Eisen, Kokillen genannt, doch hat diese an sich so naheliegende Gießart den Mangel, nicht in allen Fällen bearbeitbaren Guß zu liefern. Die Kokillen schrecken ab und die bereits vor 25 Jahren gut entwickelten Gießvorrichtungen, die ein flottes Abgießen von Formstücken in Kokillen ermöglichten, konnten sich auf die Dauer nicht halten, da sie nicht mit Sicherheit Abgüsse lieferten, die keine harte Stellen hatten, d. h. bei der Bearbeitung keine Schwierigkeiten machten. Das tiefere Eindringen in den Gefügeaufbau des Gußeisens zeigt aber neuerdings hier auch Wege, die den alten Wunsch des Eisengießers mehr als bisher, Kokillen als Dauerformen zu verwenden, gerecht zu werden versprechen.

Nicht unerwähnt soll das Schleudergußverfahren bleiben, mit dem einige Röhrengießereien ihre Wasser- und Gasleitungsröhren herstellen. Es besteht darin, daß die Gießformen um eine waagerechte Achse gedreht werden, so daß das eingegossene Eisen durch die Fliehkraft an die Wandungen der Form geworfen wird, wo es erstarrt. Auf diese Weise lassen sich also mittige Hohlkörper wie Buchsen, Rohre usw. ohne Kern gießen. Die Reinigung des Werkstoffes beim Schleudern ergibt eine Steigerung der Festigkeitseigenschaften und der Dichte.

F. Putzen und Beizen.

Zum Putzen der Gußstücke als Massenartikel ist ein Sandstrahlgebläse unentbehrlich, das den Stücken ein schönes hellgraues Äußere gibt. Bei schwereren Massenteilen sind Putztrommeln oder Rollfässer angebracht, namentlich wenn der Guß bearbeitet werden soll, da durch das Scheuern die Gußhaut nicht nur den anhaftenden Sand, sondern auch an Härte verliert. So weit Angüsse und Grate hierbei nicht restlos verschwinden, müssen sie abgeschliffen werden. Daß eine neuzeitliche Gießerei sich für Meißeln und Stampfen der Preßluft bedienen sollte, sei nur nebenbei erwähnt. Eine Nachbehandlung des Gusses durch Beizen in verdünnter Schwefelsäure oder Flußsäure wird von mancher Maschinenfabrik zur Schonung der Bearbeitungswerkzeuge verlangt. Einige Gießereien haben die in den Vereinigten Staaten entstandene Putzerei durch Wasserstrahl übernommen. Eine größere Verbreitung hat diese Putzart in Deutschland aber nicht gefunden.

VI. Das Fertigerzeugnis.
A. Die verschiedenen Gußarten.

Die Gußwaren lassen sich einteilen in Handelsgußwaren, das sind Teile, die als allgemein benutzte Fertigerzeugnisse auf Lager gearbeitet werden können, und Gußstücke, die jeweils auf besondere Bestellung nach Modell oder Zeichnung angefertigt werden müssen.

Zum Handelsguß gehören: Ofen- und Geschirrguß, Herde, Badewannen und sonstige Haushaltartikel, wie Gaskocher, Bügeleisen, ferner Heizkessel, Heizkörper, Rippenrohre, u. a. auch der Bauguß wie Säulen, Unterlagplatten, Fenster, sowie der Guß für Wasserleitungen und Kanalisation, Muffen und Flanschenrohre, Abflußrohre, Formstücke, Schachtabdeckungen usw.

Mit Ausnahme der Wasserleitungsrohre werden an diese Gußstücke keine besonderen Ansprüche gestellt. Für ihre chemische Zusammensetzung gilt das unter III B Gesagte, in dem der Si-Gehalt der Wandstärke angepaßt wird und ein Mn-Gehalt von etwa 0,6 ... 0,8 erstrebt wird. Mit dem P-Gehalt geht man wegen der von diesem abhängigen Dünnflüssigkeit bei schwachen Wandungen bis zu 1,5%. Den S-Gehalt hält man möglichst unter 0,12%.

| Juli 1933 | Gußeisen nach DIN 1691 |

Begriff

Gußeisen wird aus Roheisen allein oder mit Brucheisen, Stahlabfällen und anderen Schmelzzusätzen erschmolzen und in Formen gegossen, jedoch keiner Nachbehandlung zwecks Schmiedbarmachung unterworfen.

Allgemeine Vorschriften

Umfang der Prüfung

Die Prüfung der Gußstücke erstreckt sich auf:
a) Äußere Beschaffenheit
b) Form, Abmessungen und Gewichte
c) Eigenschaften des Werkstoffes

a) **Äußere Beschaffenheit**

Die Oberfläche der Gußstücke muß allseitig von angebranntem Formsand und Kernsand gereinigt und von allen Unebenheiten, die den Gebrauch beeinträchtigen, befreit sein. Angüsse, Steiger Gußnähte oder sonstige überflüssige Anhängsel am Gußstück sind zu beseitigen. Das Ausbessern von Fehlstellen durch Schweißen usw. und sonstiges Flicken darf den Gebrauchswert des Gußstückes zweifellos nicht beeinträchtigen.

b) **Form, Abmessungen und Gewichte**

Form, Abmessungen und Gewichte der Gußstücke sind an Hand der Modelle, Schablonen oder Zeichnungen zu prüfen. Bei der Gewichtsberechnung sind die form- und gießtechnischen Notwendigkeiten zu berücksichtigen. Als Einheitsgewicht ist $7{,}25$ kg/dm^3 zugrunde zu legen. Sofern keine besonderen Vereinbarungen getroffen werden, darf das Versandgewicht eines Gußstückes das ermittelte Gewicht bei Modellarbeit höchstens um 5%, bei Schablonenarbeit oder bei Arbeit nach Skelettmodellen höchstens um 10% überschreiten.

Für gußeiserne Rohre und Formstücke gelten besondere Vorschriften (siehe DIN 2420).

c) **Eigenschaften des Werkstoffes**

Das Gußeisen darf keine Mängel haben, die die Verwendbarkeit und nötigenfalls Bearbeitbarkeit* der Gußstücke beeinträchtigen. Die Eigenschaften des Werkstoffes müssen von Fall zu Fall dem Verwendungszweck der Gußstücke angepaßt werden. Zur Untersuchung der Festigkeit dienen Zugversuche und Biegeversuche; weitere Versuche werden nur nach Vereinbarung vorgenommen.

Zugfestigkeit

Die im Abschnitt „Klasseneinteilung und Werkstoffeigenschaften" angegebenen Werte für die Zugfestigkeit gelten für einen angegossenen Probestab, dessen Durchmesser der mittleren Wanddicke des Gußstückes angepaßt ist, jedoch soll nicht gefordert werden, daß der Rohdurchmesser des Probestabes 30 mm übersteigt. Im übrigen gelten die Punkte 3 bis 5 und 8 des Blattes DIN Vornorm DVM-Prüfverfahren A 108 sowie das Blatt DIN Vornorm DVM-Prüfverfahren A 109.

Biegefestigkeit

Die Werte für Biegefestigkeit und Durchbiegung gelten für einen getrennt gegossenen Biegestab von 30 mm Durchmesser und 600 mm Stützweite**. Der Stab wird in unbearbeitetem Zustand geprüft.

* Einwandfreie Prüfverfahren zur Feststellung der gleichmäßigen Bearbeitbarkeit können z. Z. noch nicht angegeben werden.
** Diese Stabform ist jedoch nicht endgültig, ihre endgültigen Abmessungen hängen von den mit dem vorläufigen Stab gesammelten Erfahrungen ab.

Wiedergegeben mit Genehmigung des Deutschen Normenausschusses. Verbindlich ist die jeweils neueste Ausgabe des Normblattes im DIN-Format A 4, die beim Beuth-Verlag GmbH., Berlin SW 19, Dresdner Straße 97, erhältlich ist.

Die verschiedenen Gußarten.

Fortsetzung von DIN 1691

Klasseneinteilung und Werkstoffeigenschaften.

Klasse	Verwendungsbeispiele	Vorschriften
Bauguß und Handelsguß (siehe Artikelliste des Vereins deutscher Eisengießereien)	a) Säulen b) Fenster usw. in Kasten- oder Herdguß c) Bau- und Unterlegplatten, Zwischenstücke für Eisen- und Straßenbahngleise, einfache Gewichte usw. d) Herde, Öfen sowie Geschirrguß (roh und emailliert, inoxydiert oder sonstwie verfeinert) usw. e) Heizkörper (Radiatoren), Rippenrohe, Heizkessel, Feuerungsteile dazu, hohle Bügeleisen, Gas-, elektrische und Spirituskocher usw. f) Zubehörteile für Haus- und Straßenentwässerung usw. g) Abflußrohre und Abflußformstücke	
	h) Druckmuffen- und Flanschenrohre und zugehörende Formstücke	Siehe DIN 2420
Feinguß und Kunstguß	Zierguß für Säulen, Türen und Möbel, Schmuckkasten, Bilderrahmen, Beleuchtungskörper und ähnliche einfache kunstgewerbliche Gebrauchsgegenstände usw. Kunstgegenstände nach besonderen Entwürfen, wie Statuen, Büsten, Reliefs, Tierfiguren, Schalen, Vasen usw.	
Maschinenguß ohne besondere Gütevorschriften	für den allgemeinen Maschinenbau und Schiffbau Werkzeugmaschinenteile von untergeordneter Bedeutung Textilmaschinen Landmaschinen Hausmaschinen und Büromaschinen für die Elektroindustrie Gehäuse und dünnwandige Teile usw.	Gut bearbeitbar Markenbezeichnung: **Ge 12.91** In der Regel findet keine Abnahmeprüfung statt. Die Gießerei gewährleistet eine Mindestzugfestigkeit von 12 kg/mm².
Maschinenguß mit besonderen Gütevorschriften	für den allgemeinen Maschinenbau und Schiffbau Werkzeugmaschinen Zylinder aller Art, Dampfarmaturen- und Dampfrohrleitungsteile Wärmebeständige Gußstücke (bis 420°) Kolbenringe, Kolben Eisenbahnoberbauteile (Schienenstühle, Futterstücke für Weichen, Weichenböcke, Laternenteller zu Weichenböcken) usw.	Gut bearbeitbar | Markenbezeichnung	Zugfestigkeit σ_B kg/mm² mindestens	Biegefestigkeit* σ'_B kg/mm² mindestens	Durchbiegung* f mm mindestens
---	---	---	---
Ge 14.91	14	(28)	(7)
Ge 18.91	18	(34)	(7)
Ge 22.91	22	(40)	(8)
Ge 26.91	26	(46)	(8)	 Mit Ge 26.91 beginnen die Sondergüten. Die höher liegenden Durchbiegungswerte des Germanischen Lloyd für Ge 18.91, Ge 22.91 und Ge 26.91 werden von diesem vorläufig beibehalten. * Diese Werte gelten nur vorläufig und nur für den angegebenen Biegestab von 600 mm Stützweite.

Das Fertigerzeugnis.

Fortsetzung von DIN 1691

Klasse	Verwendungsbeispiele	Vorschriften			
Maschinenguß mit besonderen magnetischen Eigenschaften	Elektrische Maschinen	Wie Maschinenguß ohne besondere Gütevorschriften, jedoch mit vorgeschriebener magnetischer Induktion. Markenbezeichnung: **Ge 12. 91 D**			
		Magnetische Induktion			
			$B_{12,5}$	B_{25}	B_{50}
		Amperewindungen $\left(\dfrac{Aw}{cm}\right)$ / cm	12,5	25	50
		CGS-Einheiten (Gauß) mindestens	4000	6000	8000
Hartguß	a) Weißhartguß (ohne Schale durchgehend hart gegossen): Laufräder für Dampfpflüge Hydraulische Kolben Gezahnte Walzen für Walzenbrecher usw.				
	b) Schalenguß (mit abgeschreckter Oberfläche): Kollergangsringe und -Platten Kugelmühlplatten Steinbrecherplatten Eisenbahnräder (Griffin) Stempel und Ziehringe sowie ähnliche Verschleißteile usw.	Weißstrahlige Schale mit allmählichem Übergang zum grauen weichen Kern			
	c) Walzenguß: Hartgußwalzen (Schalenguß) mildharte, halbharte und Lehmgußwalzen für die Eisen- und Stahlindustrie und Nichteisen-Metallindustrie, Walzen für Druckerei-, Müllerei-, Papier-, Gummi- und Textilmaschinen, Zuckermühlen usw.				
Säurebeständiger Guß und alkalibeständiger Guß	a) Säurebeständiger Guß: Rohre, Schalen, Töpfe, Hähne, Kessel, Säurepumpen usw. b) Alkalibeständiger Guß: Sodaschmelzkessel, Natronkessel usw.				
Feuerbeständiger Guß	a) Ohne besondere Vorschrift: Zubehörteile tür Feuerungen, Platten usw. Roßstäbe				
	b) Mit besonderer Vorschrift: Schmelzkessel für Nichteisen-Metalle, Retorten, Glühtöpfe usw. Roststäbe für Lokomotiven	Nach besonderer Vereinbarung			
Besondere Gußerzeugnisse	Blockformen (Kokillen) für Stahl und Nichteisen-Metalle Dauerformen für Handelsgußwaren, Rohrformstücke usw. Dauerformen für die Glasindustrie Schachtringe (Tübbings) Amboße und ähnliche massive Gußstücke Bremsklötze für Bahnbedarf Piano- und Flügelplatten				

Bei Muffen und Flanschenrohre für Wasserleitungen mit hohem Druck sollte der Phosphorgehalt 0,8% nicht überschreiten und der Mangangehalt nicht unter 0,8% betragen.

Zum Handelsguß gehören weiter Fein- und Kunstguß, wie Figuren, Büsten, Plaketten, Schalen, Beleuchtungskörper u. ä. Wegen der chemischen Zusammensetzung verfahre man wie bei Ofen- und Geschirrguß.

Flügel- und Pianoplatten können auch zum Handelsguß gezählt werden. Da in diese Teile viele Löcher gebohrt werden, muß der Guß sehr weich sein und der Phosphorgehalt deshalb unter 0,1% und der Mangangehalt unter 0,6% bleiben.

Den Maschinenguß teilt man ein in Guß ohne besondere Gütebeanspruchung, in Guß mit gewissen Mindestwerten und schließlich in Guß von besonderer Hochwertigkeit. Außer dem für jeden Maschinenguß erforderlichen sauberen äußeren Zustand und der Dichte wird für höherwertigen Maschinenguß eine Zugfestigkeit von 18...26 kg/mm² verlangt, für hochwertigen mindestens 26 kg/mm². Wegen der chemischen Zusammensetzung dieser Maschinengußsorten wird auf die Gattierungsbeispiele verwiesen. Je nach Gütevorschrift wird man bestrebt sein, den Schwefelgehalt einzuschränken, den Phosphorgehalt entsprechend der Wertigkeit in Grenzen von 0,8...0,3% und den Mangangehalt zwischen 0,8...1,2% halten. Silizium richtet sich wie immer nach den Wandstärken und den Abkühlungsverhältnissen. Während beim Handels- und gewöhnlichen Maschinenguß der Kohlenstoffgehalt kaum berücksichtigt zu werden braucht, kommt man, wie früher bereits ausgeführt, bei höherwertigen und hochwertigem Maschinenguß am einfachsten zum Ziel, wenn man den Kohlenstoffgehalt auf 3,3...3% vermindert. Das wird erreicht durch Zugabe niedrig gekohlten Eisens bzw. Stahl- und Flußeisenschrott in Mengen von 5...25%.

Die übrigen Sondergußgebiete wie Hartguß, säure- und feuerbeständiger Guß können im Rahmen dieser kurzen Abhandlung nicht näher besprochen werden, um so weniger, als für jedes Gebiet ganz besondere Erfahrungen für die Ausführung vermittelt werden müßten.

Der Deutsche Normenausschuß hat über die Klasseneinteilung und die Werkstoffeigenschaften das Normblatt (DIN 1691) auf S. 32...34 herausgegeben.

B. Eigenschaften und Prüfung.

Zugfestigkeit. Aus den Besprechungen über den Aufbau des Gefüges geht hervor, daß von diesem zumindest die mechanischen Eigenschaften in hohem Maße abhängen. Die wichtigste und damit auch für die Prüfung grundlegendste Eigenschaft ist die Zugfestigkeit. Unter dieser versteht man den Widerstand des Werkstoffes gegen Zerreißen. Sie wird festgestellt durch Zerreißen eines bearbeiteten Stabes auf einer Zerreißmaschine, wobei als Festigkeitswert das für einen mm² des Querschnittes anteilige Gewicht der Bruchlast bezeichnet wird. Die Prüfung ist sehr einfach. Wenn nichts anderes vorgeschrieben, wähle man für Gußeisen einen Stab vom 20 mm ⌀ und 100 mm Länge. Dehnungsfeststellung kommt nicht in Frage, da Gußeisen praktisch keine Dehnung aufweist. Grobe Graphitausscheidung verringert, Zementit erhöht die Festigkeit. Perlit ist die günstigste Gefügeform. Das Mindestmaß an Zugfestigkeit für Gußeisen ist 12 kg/mm², das Höchstmaß 30...36 kg. Durch Legieren mit Nickel, Chrom, Vanadium, Molybdän kann die Festigkeit noch gesteigert werden.

Biegefestigkeit. Unter Biegefestigkeit versteht man den Widerstand des Stoffes gegen Durchbiegung. Sie wird bestimmt durch Belastung eines rohen, unbearbeiteten Stabes von 30 mm ⌀ und 600 mm Auflagelänge bis zum Bruch. Sie wird berechnet für den mm² nach der Formel: $K_b = \dfrac{Pl}{4W}$, wobei P die Drucklast,

36   Das Fertigerzeugnis.

l die Stablänge und W das Widerstandsmoment bedeuten. Die Auflageflächen der Prüfmaschine müssen abgerundet sein, am besten aus Rollen bestehen, um an den Auflagestellen keinen zu hohen Reibungswiderstand zu geben und um die Versuchsergebnisse nicht zu beeinflussen. Bei diesem Versuch wird gleichzeitig die Höhe der Durchbiegung gemessen, die einen Maßstab für die Zähigkeit des Stoffes abgibt. Zug- und Biegefestigkeit stehen bei gewöhnlichem Gußeisen im Verhältnis von ungefähr 1:2, bei höherwertigem Eisen bleibt die Biegefestigkeit zurück. Es ist sehr wohl möglich, daß bei stärkerer Zementitausbildung gute Zugfestigkeit vorhanden ist, die Biegefestigkeit aber nicht im gleichen Verhältnis steigt und erst recht nicht die Durchbiegung. Als Mindestwert der Biegefestigkeit gilt 24 kg/mm^2, als Durchbiegung 6 mm. Praktische Höchstwerte sind 46 kg/mm^2 und 10 mm Durchbiegung.

Druck-, Scher-, Torsions-, Schlag- und Dauerfestigkeit. Diese Größen werden seltener geprüft. Die Druckfestigkeit, die bei Gußeisen recht hoch liegt, das Drei- bis Vierfache der Zugfestigkeit, und die Scher- und Torsionsfestigkeit werden nur für besondere Zwecke einmal geprüft; dagegen werden Schlag- und Dauerfestigkeit in letzter Zeit bei hochwertigem Guß häufiger festgestellt.

Physikalische Werte. Die magnetischen Eigenschaften werden auch nur in Sonderfällen geprüft. Sie hängen von dem Graphit- und Zementitgehalt ab, und zwar sind sie um so besser, je geringer der Gesamt-C-Gehalt ist und je größer der Anteil an Graphit und Temperkohle daran ist.

Die elektrische Leitfähigkeit ist im allgemeinen gering; durch Legieren werden die physikalischen Eigenschaften verändert.

Chemische Widerstandsfähigkeit. Die Widerstandsfähigkeit gegen feuchte Luft, also gegen Rosten, ist verhältnismäßig groß, wenigstens im Vergleich zu Stahl. Dagegen ist die Widerstandsfähigkeit des normalen Gußeisens gegen Säuren und Alkalien nicht allzu groß. Reines Eisen wird stark angegriffen; Graphit ist wohl widerstandsfähig, lockert aber das Gefüge auf und bietet dadurch Gelegenheit zum Angriff. Der Si-Gehalt muß demnach tief liegen und der Mangangehalt, der an sich widerstandsfähig macht, darf im Gußeisen für die chemische Erzeugung, besonders von Alkalien, 0,4% nicht überschreiten. Phosphor- und Schwefelgehalt müssen so niedrig wie möglich gehalten werden. Ein Nickelgehalt bis zu 1,5% hat sich gut bewährt. Am besten dürfte bei Säuren für Pfannen und Schalen eine zweckmäßige Emaillierung sein.

Ein hoher Si-Gehalt von 14...20% macht das Eisen sehr säurebeständig, doch wird es mit zunehmendem Si-Gehalt immer spröder und unbearbeitbar.

Feuerbeständigkeit. Ein feuerbeständiges Gußeisen soll möglichst schwefelarm sein, eine besondere Widerstandsfähigkeit bewirkt ein Zusatz von Chrom bis zu 20%, der Guß ist aber spröde und unbearbeitbar.

In Verbindung mit der Feuerbeständigkeit des Gußeisens sei noch das Wachsen erwähnt, worunter man die bleibende Formveränderung des Eisens im Feuer versteht. Da auch hier der Graphit eine ungünstige Rolle spielt, soll er zum mindesten nicht grobblättrig, sondern fein verteilt auftreten. Auch in dieser Beziehung wird sich übrigens perlitisches Gefüge am besten bewähren.

Härte. Unter Härte versteht man den Widerstand eines Stoffes gegen das Eindringen eines bestimmten härteren Körpers. Bei Gußeisen spricht man meist von der Härte nach Brinell, die als Maßstab den Widerstand gegen das Eindringen einer gehärteten Stahlkugel unter bestimmten Druck verwendet[1]. Gewöhnlich benutzt man eine Kugel von 10 mm ⌀ und einen Druck von 3000 kg und nimmt als Maß für die Härte den Quotienten aus dem Druck und der in mm^2

---

[1] Näheres s. Heft 34 der Werkstattbücher: Werkstoffprüfung, Metalle.

Eigenschaften und Prüfung.

ausgedrückten, durch den Eindruck der Kugel entstandenen Kalottenoberfläche. Außer der 10-mm-Kugel ist noch eine von 5 mm ⌀ bei 750 kg Druck und eine von 2,5 mm ⌀ und 187,5 kg Druck im Gebrauch. Eine Prüfung der Härte des Gußeisens nach Rockwell ist weniger üblich.

Innerhalb gewisser Grenzen laufen Härte und Zugfestigkeit parallel.

Einfluß des Gefüges. Vor einigen Jahren stellte ein Großabnehmer der deutschen Werkzeugmaschinenindustrie in bezug auf die Brinellhärte Ansprüche an den Guß, die einfach nicht zu erfüllen waren, weil die Vorschrift einer bestimmten Härte sich nur bei einer bestimmten Wandstärke an einem Gußstück erfüllen läßt, wie aus nachstehenden Ausführungen hervorgeht:

Gießen wir mit einem im Kupolofen erschmolzenen normalen Gußeisen einen Keil (Abb. 25) von etwa 1 m Länge, mit einer Dicke von 150 mm beginnend, auslaufend bis zu einer scharfen Kante, so wird man die verschiedensten Gefüge-

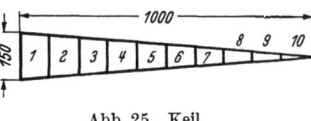

Abb. 25. Keil.

ausbildungen, demnach auch Festigkeiten und Härten erhalten. Am dicksten Ende, Abschnitt 1, wird sich ein grobkörniger Bruch zeigen, in dem Ferrit und grobe Graphitadern vorherrschen; ein Probestab aus 1 wird die geringste Festigkeit und Härte ergeben. Mit jedem Keilabschnitt wird sich das Gefüge verändern; Festigkeit und Härte werden wachsen. Etwa bei Abschnitt 7/8 wird das Gefüge das günstigste sein: eine perlitische Grundmasse. Nach links werden die ferritischen, nach rechts die zementitischen Ausscheidungen zunehmen, so daß bei 10 auslaufend das Eisen weiß erstarrt. Hier wird also das Gußeisen ein und derselben Pfanne, das bei 1 weich ist, bei 10 die größte Härte haben, aber nicht die größte Festigkeit, so daß dann die vorher erwähnte Gesetzmäßigkeit zwischen Härte und Zugfestigkeit nicht mehr besteht.

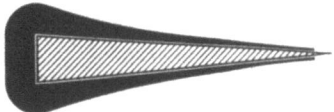

Abb. 26. Keil in Kokille.

Man erhält bei dem Versuche verschiedene Ergebnisse, je nachdem man dasselbe Eisen in eine nasse oder trockene Form gießt, und die Härte im besonderen hängt noch davon ab, ob dasselbe Eisen recht heiß oder matt vergossen wird.

Wir sehen also, daß mit ein und demselben flüssigen Eisen weitestgehende Unterschiede im Gefüge bzw. in der Härte entstehen können, was in der Hauptsache auf die Abkühlung zurückzuführen ist.

Nun kann man sich ja in einfachen Fällen mit Abschreckkokillen helfen; so würde beispielsweise unser Keil von 1 m Länge, abgesehen von der Spitze, die auf jeden Fall weiß wird, fraglos ein einheitlicheres Gefüge aufweisen, wenn wir ihn in Kokille nach Abb. 26 gössen.

Bei entsprechender Wanddickenverteilung der Kokille würde der Keil auf seiner ganzen Länge annähernd gleichzeitig erstarren, und man könnte für ein solches Gußstück eine bestimmte Brinellhärte verbürgen. In Wirklichkeit liegen die Dinge aber viel verwickelter, und man kommt mit der Verwendung eines gewöhnlichen Gußeisens selbst bei weitestgehender Anwendung der Gefügebeeinflussung durch Abkühlung nicht immer zum Ziel.

An nachfolgenden Schliffbildern soll kurz erläutert werden, welchen Widerstand die hauptsächlichsten Gefügebildner einem Eindringen der Brinellkugel entgegenbringen, und welches Gefüge für eine Brinellhärte von etwa 200 das erstrebenswerteste ist. Es soll dann weiter untersucht werden, welche Möglichkeiten bestehen, das Ziel zu erreichen bzw. sich ihm zu nähern.

Abb. 27 zeigt ein Schliffbild, das den Gefügezustand im Abschnitt 1 unseres

Keiles darstellt. Die großen Ferritfelder werden von breiten Graphitadern durchzogen. Da Ferrit an sich nur eine Brinellhärte von etwa 100 hat, kann das Gesamtgefüge dem Eindringen der Kugel keinen allzu großen Widerstand entgegensetzen. Die Brinellhärte des Gusses in diesem Abschnitt beträgt etwa 140.

Das Schliffbild Abb. 28 zeigt uns den Gefügezustand des Abschnittes 10 an der Spitze des Keils. Hier überwiegen die zementitischen Ausscheidungen; sie bieten dem Eindringen der Kugel großen Widerstand. Ledeburit hat an sich eine Brinellhärte von 450, und die Härte des Gusses ist an dieser Stelle 280 Brinelleinheiten. Für den Maschinenbau kommt Gußeisen mit überwiegend zementitischem Gefüge nicht in Frage, da es unbearbeitbar ist.

Abb. 27. Schliffbild im Abschnitt 1.

Die günstigste Gefügeausbildung unseres Keiles bei 7/8 zeigt das Schliffbild Abb. 29. Ferrit und Zementitausscheidungen sind praktisch nicht vorhanden. Die Festigkeit ist hier am größten und die Härte rund 200, während nach Angaben Brinells selbst ein reines Perlitgefüge 230 Härteeinheiten hat.

Wir haben nun bei unserem Keil gesehen, daß bei einem Guß aus derselben Pfanne die verschiedensten Möglichkeiten in bezug auf Gefügeausbildung bestehen. Nehmen wir also an, daß zur Erzielung der gewünschten Härte unsere Gattierung richtig gewählt ist für irgendeine Wanddicke unseres Keiles, z. B. 25...30 mm, so wird dieselbe Gattierung für Wanddicken von 35 mm und darüber wie für 20 mm und darunter nicht geeignet sein. Wird aber dem Gießer die Aufgabe gestellt, ein Gußstück mit den verschiedensten Wanddicken zu gießen, so muß er seine Gußzusammensetzung so wählen, daß die dünnsten Wandstärken nicht zu

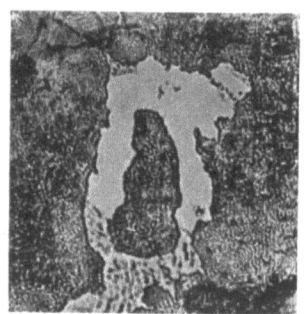

Abb. 28. Schliffbild im Abschnitt 10.

hart werden, wenn nicht wegen der Bearbeitung, so doch wegen der Entstehung von Rissen. Dann hat er die Möglichkeit, durch Kokillen die dickeren Wände rascher abzukühlen und so ihre Härte und ihr Gefüge dem der dünneren anzugleichen. Handelt es sich darum, die Gleitflächen eines Bettes oder Schlittens auf diese Weise zu beeinflussen (s. a. Abb. 22 S. 28), so mag das im allgemeinen noch zu erreichen sein; an allen Stellen des Gußstückes die gleiche Härte zu erzielen, ist dagegen praktisch unmöglich.

Schon dort, wo an Gleitflächen durch Querrippen größere Stoffanhäufungen unvermeidlich sind, wird die Gleichmäßigkeit der Härte unterbrochen. Man könnte einwenden, daß es durchaus denkbar sei, an diesen Stellen die Kokillen so auszuführen, daß eine gleichmäßige Härte erzielt wird, wie Abb. 30 zeigt. Dann

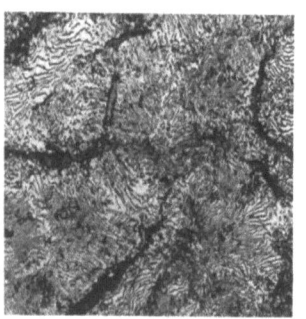

Abb. 29. Schliffbild im Abschnitt 7/8.

könnte aber der Aufbau einer Form so verwickelt werden und dem Erfolg eine solche Reihe von Versuchen vorauszugehen haben, daß an eine Wirtschaftlichkeit gar nicht mehr zu denken wäre. Das wichtigste jedoch ist, daß eine Brinellhärte

Eigenschaften und Prüfung.

um 200 herum, durch Abschreckplatten erzielt, gar nicht mit dem günstigsten Gefüge zusammenzugehen braucht. Es ist schon richtig, wenn die Vorschrift für gewöhnlichen Guß den Höchstwert für die Härte auf 220 festsetzt, weil sie sonst zu schwierige Bearbeitung befürchtet. Bei gutem Perlitgefüge und feiner Graphitverteilung aber machen Härtegrade von 250 und mehr bei der Bearbeitung keine besonderen Schwierigkeiten.

Gußeisen mit niedrigerem C-Gehalt. Die ungleichmäßige Gefügebildung bei Gußeisen hat dem Gießer immer viel Kopfzerbrechen gemacht. Der Abschreckkokillen bedient er sich nur ungern; es ist auch nicht in allen Fällen so einfach, sie anzubringen. Dabei dehnen sich die Kokillen beim Gießen aus und verursachen unter Umständen Sandabbröckelungen, die das Gußstück gefährden.

Am besten läßt sich der Gefüge- und Härteunterschied in den verschiedenen Wanddicken ein und desselben Stückes ausgleichen durch einen niedrigen Kohlenstoffgehalt im Gußeisen. Schon bei einem Kohlenstoffgehalt von 3% werden bei sonst geeigneter Zusammensetzung in starkwandigen Stücken nicht die groben Ausscheidungen vorkommen, wie sie bei Grauguß von 3,5% C bekannt sind. Geht man mit dem Kohlenstoffgehalt noch tiefer, auf 2,5% und darunter, so erreicht man in der Tat bei den verschiedensten Wanddicken das gleiche Gefüge und damit dieselben Härten.

Abb. 30. Anwendung von Abschreckplatten und Kühleisen.

Zum Vergleich wurden 3 Gußstücke von 150 mm ⌀ mit einem 8 mm dicken Ansatz gegossen, und zwar das erste aus härterem sogenanntem Zylindereisen. Es hat in der dicken Wandung ein ziemlich dichtes Gefüge, während der Ansatz zum Weißwerden neigt. Die Brinellhärten sind im Mittel: 190 im dicken, 320 im schwachen Teil. Das zweite Stück ist aus weichem Gußeisen; der Rundguß ist grobblätterig, der Ansatz ist dicht. Die Brinellhärten sind: 140 im dicken, 180 im schwachen Teil. Das dritte Stück ist aus kohlenstoffarmem Gußeisen. Rundguß und Ansatz sind annähernd gleich feinkörnig. Die Brinellhärten sind: 200 im dicken, 220 im dünnen Teil. Man könnte annehmen, daß man damit zu einem Ergebnis gekommen ist, das dem Besteller in bezug auf die Brinellhärte vorschwebte. Dabei ist die Bearbeitbarkeit auch noch verhältnismäßig befriedigend bei einer Brinellhärte von 250 und höher. Das ist nur so zu erklären, daß wir es mit einem günstigsten Gefügeaufbau bei feinster Graphitverteilung zu tun haben, während normalerweise so hohe Härtegrade von gröberer Zementitbildung herrühren, die dann bei der Bearbeitung Schwierigkeiten macht.

Das Problem an sich wäre gelöst, wenn nicht gleichzeitig andere Schwierigkeiten aufträten. Ein niedriggekohltes Eisen bringt bei geeigneter Ofenführung allerdings eine höhere Temperatur aus dem Kupolofen mit; es ermattet aber auch schneller. Das ist für die Entgasung und für die Ableitung der Gase aus der Form ungünstiger. Während sich doch im allgemeinen Gußblasen an den nach oben gegossenen Flächen zeigen, kann man bei niedriggekohltem Eisen erleben, daß Poren unten oder seitlich auftreten, herrührend von Gasen aus der Form, die zwar in das flüssige Eisen eindrangen, aber nicht wieder entweichen konnten. Diese Schwierigkeiten treten nicht immer auf; sie genügen aber, um Ausschußgefahr herbeizuführen.

Man muß daher mit der Verwendung niedriggekohlten Eisens besonders vorsichtig sein. Ein anderer Ausweg wäre es, nickellegiertes Gußeisen zu verwenden, das wanddickenunempfindlicher ist als unlegiertes; jedoch scheitert die Verwendung meistens an den hohen Kosten.

Verschleißfestigkeit. Unter Verschleißfestigkeit versteht man den Widerstand, den die Oberfläche eines Körpers der Abnutzung durch einen anderen, unter Druck gleitenden Körper entgegensetzt. Allgemein kann man sagen, daß Brinellhärte und Verschleißfestigkeit in einem gewissen Verhältnis zueinander stehen, indem sie miteinander wachsen. Doch gilt das nur bedingt; jedenfalls ist einfache Verhältnisgleichheit nicht vorhanden. Auch schon deshalb nicht, weil zwar wohl die Härte eine bestimmte, nur von der Zusammensetzung des Stoffes und dem Gefüge abhängige Größe hat, nicht aber die Verschleißfestigkeit. Diese ist vielmehr auch von der Natur des gleitenden, abnutzenden Körpers abhängig. Es hat sich in der Praxis gezeigt, daß perlitisches Gußeisen auch die höchste Verschleißfestigkeit hat. Verschleißfestes Gußeisen mit guter Oberflächenbearbeitbarkeit hat übrigens alle Merkmale eines guten Lagerwerkstoffes und kann an vielen Stellen als Heimstoff an die Stelle von Kupferlegierungen (Bronze) treten, solange keine Kantenpressung vorkommt. Durch Nickel, Chrom, Molybdän u. a. kann die Verschleißfestigkeit noch verbessert werden.

Zerspanbarkeit[1]. Die üblichen Sorten Gußeisen lassen sich mit Schneidwerkzeugen, wie Dreh- und Hobelstählen, Bohrern, Reibahlen, Fräsern usw. grundsätzlich gut bearbeiten, weil trotz verhältnismäßig guter Härte die Zähigkeit sehr gering ist und infolgedessen der Span kurz abbricht. Harte Sorten, sowie harte Stellen und harte Gußkruste bei weicheren Sorten, erschweren die Bearbeitung um so mehr, je größer die Härte ist. Nimmt man als Maß für die Zerspanbarkeit eine Schnittgeschwindigkeit, bei der die Schneide beim Drehen eine bestimmte Zeitlang (z. B. eine Stunde) steht, bis sie nachgeschliffen werden muß, so findet man eine Gesetzmäßigkeit zwischen zunehmender Härte und abnehmender Zerspanbarkeit. Jedoch ist die Beziehung nicht einfach, nicht verhältnisgleich und außerdem gilt sie nur für den gewöhnlichen Grauguß. Hochwertiger Guß mit besonders günstigem perlitischen Gefüge kann, wie oben schon gesagt, erheblich über 200 Brinell hart und doch gut zerspanbar sein.

Die Gußeisenspäne haben verhältnismäßig große verschleißende Wirkung auf die Schneide, weshalb der Spanwinkel (Brustwinkel) der Schneide klein, der Keilwinkel groß genommen werden muß.

Schweiß- und Lötbarkeit. Die Schweißbarkeit von Gußeisen ist im allgemeinen gut[2]. Wenn auch in der Hauptsache gebrochene bzw. beschädigte Gußstücke geschweißt werden, kann es doch vorkommen, daß auch neue Abgüsse Fehler haben, die durch Schweißen zu beseitigen, besonders bei großen Stücken, wirtschaftlich notwendig ist. Es kann um so unbedenklicher geschehen, als eine Schweißung richtig durchgeführt, keinen Unterschied läßt zu einem fehlerlosen, ungeschweißten Abguß.

Man unterscheidet ein Schweißen durch Aufgießen flüssigen Eisens, sowie Gas- und Elektroschweißung. Die zu schweißenden Stücke werden möglichst hoch vorgewärmt, und zwar, wenn ihre Größe es zuläßt, ganz, sonst an der zu schweißenden Stelle mit Holzkohlenfeuer, und nach dem Schweißen wieder langsam abgekühlt. Einfache Gußstücke, bei denen die Gefahr von Schrumpfspannungen gering ist, können von erfahrenen Schweißern auch ohne besondere Vorwärmung mit der Gasflamme geschweißt werden.

Das Löten[3] kommt bei Gußeisen seltener vor, vielleicht einmal bei Gußstücken, deren Stoff durch Dampf- und Feuergase zerstört wurde. Mit Messinglot läßt sich an solchen Stücken noch eine gute Verbindung erzielen, da das Lot an den Stellen eindringt, an denen die Graphitblättchen herausgewaschen wurden. Die Festigkeit einer solchen Lötverbindung kann 10...15 kg/mm² betragen, ein Wert, der von Lötverbindungen an einwandfreiem Baustoff auch nicht übertroffen

---

[1] Näheres s. Heft 61 der Werkstattbücher: Die Zerspanbarkeit der Werkstoffe.
[2] Näheres s. Heft 13 der Werkstattbücher: Die neueren Schweißverfahren.
[3] Näheres s. Heft 28 der Werkstattbücher: Das Löten.

wird. Durch das Löten braucht die Härte in der Übergangszone nicht zuzunehmen; Lötverbindungen sind also feilenweich. In den letzten Jahren wird vielfach das „Gussolit"-Lötverfahren an Stelle des Schweißens zur Ausbesserung schadhafter Gußstücke mit Erfolg angewandt.

Maßhaltigkeit der Gußstücke. Die Maßhaltigkeit und Genauigkeit von Gußstücken ist von verschiedenen Umständen abhängig. Zunächst einmal ist die Art der Modellausführung von größtem Einfluß. Metall- bzw. Eisenmodelle sind wegen der Maßgenauigkeit solchen aus Holz immer vorzuziehen, doch kann leider aus Gründen der Wirtschaftlichkeit, namentlich bei größeren Abgüssen, auf die Verwendung von Holz nicht verzichtet werden. Auch die Möglichkeit zu ändern ist bei Holzmodellen bedeutend größer als bei Metall- und Eisenmodellen.

Das Holz als Modellbaustoff „arbeitet" nun trotz des Lackanstriches ständig beim Einformen in der Eisengießerei unter dem wechselnden Einfluß von Feuchtigkeit und Trockenheit und läßt dadurch am Abguß Maßungenauigkeiten entstehen, die um so größer werden, je öfter die Modelle gebraucht werden und je größer die Zahl der zu den Modellen gehörenden Kernkästen ist. Durch das Losschlagen des Modells vor dem Ausheben aus der fertig gestampften Form, ebenso wie durch das Losklopfen des Kernkastens vor dem Abheben werden die besten und stärksten Holzverbindungen allmählich gelockert. Dadurch verlieren die am Anfang festgefügt scheinenden Modellkörper und die Kernkästen zugleich mit dem Halt auch ihre maßliche Genauigkeit.

Wie schnell nun ein Modell beim Gebrauch in der Gießerei anfängt, ungenau zu werden und wie groß seine Abweichung von der maßlichen Genauigkeit wird, das hängt davon ab, wie sorgfältig das Modell von der Tischlerei hergestellt wird und vor allen Dingen davon, ob die betreffende Gießerei genügenden Wert auf die Instandhaltung der Modelle und Kernkästen legt.

Jedes Holzmodell und jeder Holzkernkasten wird nach einer bestimmten Benutzungsdauer überholungsbedürftig und je mehr diese Notwendigkeit beachtet wird, um so größer bleibt die Maßgenauigkeit.

Außer den vom Modellbaustoff Holz herrührenden Maßungenauigkeiten entstehen noch andere bei der Anfertigung der Formen in der Gießerei, die sich jedoch zum Teil verhüten lassen.

In erster Linie zählen hierzu die Maßungenauigkeiten, die daher rühren, daß der Former die Kerne vor dem Einlegen in die Form an den Kernmarken kleiner scheuern muß, so daß die Kerne oft ungenau liegen. Zur Beseitigung dieses Übelstandes soll ein Normblatt herausgegeben werden, das zahlenmäßige Regeln für die Einlagetoleranz der Kerne enthält. Wenn nach diesem Normblatt Kernkästen und Kernmarken ausgeführt werden, ist ein Bescheuern der Kerne vor dem Einlegen durch den Former überflüssig.

In der Teilung der Modelle und Kernkästen kann eine weitere Ursache für das Entstehen von Maßungenauigkeiten bei gegossenen Werkstücken liegen. In einem Aufsatz „Vermeidbare und unvermeidbare Maßungenauigkeiten von Gußstücken" in Werkstattechnik 35 S. 293 gibt Brobeck eine Reihe von Beispielen, wie Modelle und Kernkästen zu teilen sind. Hier findet sich auch ein Hinweis, wie lose Teile, Naben, Rippen usw. am Modell angebracht werden müssen, um ein Verstampfen zu vermeiden.

Daß Ungenauigkeiten beim Zusammenpassen von Formkasten (Unter- und Oberkasten) auch ihre Folgen für die Maßhaltigkeit der Gußstücke haben, soll nur nebenbei bemerkt werden.

Bei der Erzeugung großer Gußstücke mit vielen Kernen muß mit größeren

Maßungenauigkeiten gerechnet werden. Doch ist es leider meistens unmöglich, bestimmte Grenzen für Abweichungen einzuhalten.

Sieht man von den Veränderungen ab, die die Formen und Kerne durch das Trocknen erleiden und die zu beeinflussen man nicht in der Lage ist, so entstehen weitere Ungenauigkeiten durch das Losschlagen der Modelle und Kernkästen vor dem Ausheben und in noch höherem Maße durch das Ausflicken der Formen, wenn beim Ausheben einzelne Teile der Form zerrissen werden.

Als weitere Ursache für Ungenauigkeiten ist die Tatsache anzusprechen, daß die in die Form einzulegenden Kerne gegen das Eindringen des flüssigen Eisens in die Luftabzugskanäle entsprechend gesichert werden müssen. Diese Sicherung wird durch Bestreichung von Form und Kern mit Tonbrei erreicht, der ebenfalls als Dichtung zwischen Ober- und Unterkasten verwendet wird.

In der Maschinenformerei kann natürlich bei Verwendung von Metallmodellen und -kernkästen viel genauer gearbeitet werden. Bei einfachen Stücken besteht sogar die Möglichkeit, lehrenhaltige Abgüsse herzustellen,

C. Warmbehandlung des Fertigerzeugnisses.

Die Eigenschaften des Gußeisens lassen sich durch Warmbehandlung — die allerdings bei gewöhnlichem Guß selten angewandt wird — in gewissen Grenzen beeinflussen. So kann ein Glühen bei 400 ... 600° Spannungen in Gußkörpern aufheben. Auch kann die Härte etwas gemildert werden, ohne daß bei diesen Temperaturen von einer Gefügeänderung die Rede sein könnte. Um diese zu erreichen, müssen schon Temperaturen von 800° und darüber angewandt werden. Dann zerfällt der die Härte verursachende Zementit zum Teil. Die Wirkung ist abhängig von der Zusammensetzung des Gusses: Silizium fördert den Zementitzerfall, ebenso — bei legiertem Guß — Nickel, während Chrom, Molybdän, Vanadium und Wolfram hemmend wirken.

Die eingehendste Warmbehandlung bildet das Tempern. Hierbei wird ein niedrigsiliziertes, weiß erstarrtes Gußerzeugnis in einem oxydierenden Einsatz, vorzugsweise Eisenerz, bei Temperaturen von 900 ... 1000° geglüht. Zunächst setzt ein Zerfall von Zementit ein. Durch die Frischwirkung des Eisenerzes wird der hierbei entstandene Graphit durch Oxydation aus der Grundmasse entfernt, so daß nach Beendigung des Tempervorganges ein weiches, schmiedbares Eisen mit weißem Bruch erhalten wird. Man wählt die Zusammensetzung des Tempereisens mit 0,5 ... 0,7% Si und 3 ... 3,2% C, wenn man nach dem europäischen Verfahren arbeiten will. Beim Arbeiten nach dem amerikanischen Verfahren ist es notwendig, mit dem Kohlenstoffgehalt etwas niedriger zu bleiben, nämlich auf 2,6, höchstens 2,9% und den Siliziumgehalt auf 0,9 ... 1,2% zu erhöhen. Der Rückgang mit dem Kohlenstoffgehalt bei dem amerikanischen Verfahren ist erforderlich, um keine Störungen durch übermäßig starke Graphit- bzw. Temperkohlebildung zu erhalten. Man verzichtet nämlich bei diesem Verfahren mehr oder weniger auf die Frischwirkung der Einsatzmittel und packt das Tempergut meistenteils in Sand ein.

Sonst geht der Zementitverfall genau wie beim europäischen Verfahren vor sich, jedoch bleibt der Graphit, hier meist Temperkohle genannt, als Einlagerung in der metallischen Grundmasse eingeschlossen. Das Werkstück ist nach dem Tempern gut bearbeitbar und weist einen schwarzen Bruch auf, herrührend von den Graphiteinschlüssen. Nach dem Bruchaussehen sind für die Kennzeichnung der beiden Verfahren die Bezeichnungen „weißer" und „schwarzer" Temperguß entstanden. (Näheres s. Heft 24 der Werkstattbücher „Stahl- und Temperguß".)

D. Konstruktions- und Anwendungsfragen.

Rücksichten beim Entwurf. Aus dem über die Abwicklung des Form-, Schmelz- und Gießprozesses Gesagten geht hervor, daß auf das gute Gelingen eines Gußstückes dessen Formgebung erheblichen Einfluß haben kann. Der Konstrukteur muß genügende Kenntnisse des Form- und Gießereiwesens besitzen, um schon am Reißbrett Rücksichten auf die Eigentümlichkeiten der Herstellung des Gußstückes zu nehmen. Er muß damit vertraut sein, wie das von ihm konstruierte Gußstück zu formen, wie es anzuschneiden und wie die Luft abzuführen ist. Er muß Kenntnisse besitzen von den Abkühlungsvorgängen nach dem Gießen, um Lunker und Spannungen zu verhüten, er muß wissen, wie die Gußstücke zu putzen, besonders Kerne zu entfernen sind.

Es muß auch an dieser Stelle mangels Raum auf andere Literatur verwiesen werden, besonders auf das Werkstattbuch Heft 30 „Gesunder Guß" von Kothny, wo eine Reihe von Beispielen falscher und richtiger Konstruktion angegeben sind, deren Studium angelegentlichst empfohlen wird. Des weiteren wird auf die sehr gute Arbeit von Lehmann „Gießerei 1927", Hefte 41, 42, 44 und 45 aufmerksam gemacht.

Der Konstrukteur muß immer bestrebt sein, das Formen zu erleichtern. Das tut er, wenn er sich nicht darauf verläßt, daß der Modelltischler den Modellen schon die nötigste Verjüngung geben werde, sondern wenn er selbst allen in Frage kommenden Flächen eine reichliche, das Ausheben erleichternde Schräge gibt (Abb. 31).

Wie immer wieder betont, sind ungleiche Wanddicken, besonders Werkstoffanhäufungen, Ursache zu Lunkerungen und Spannungen. Stellen, die der Konstrukteur besonders widerstandsfähig zu gestalten beabsichtigt, soll er aussparen, damit er nicht durch Lunkerungen das Gegenteil erreicht (Abb. 32).

Der Konstrukteur soll sich niemals auf die Formkunst des Gießers allein verlassen, indem er hofft, daß dieser sich schon zu helfen wissen werde. Bei Hohlgußstücken soll er überlegen,

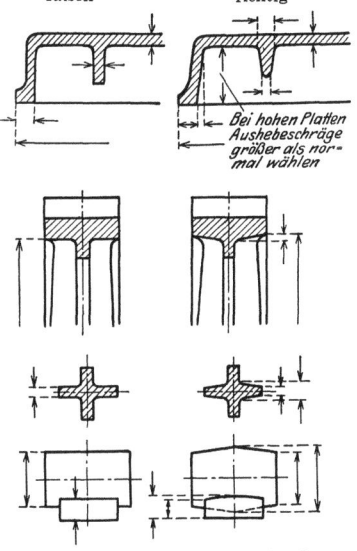

Abb. 31. Schräge und gerade Flächen.

wie der Kern am sichersten gehalten wird, möglichst ohne Kernsteifen, und wie die Luft abzuführen ist. Er soll nicht danach trachten, unter allen Umständen mechanische Hilfsbearbeitung zu vermeiden, sondern im Gegenteil, hiervon reichlich Gebrauch machen. Wenn er den Kernen für Hohlgußstücke einige Auflagen mehr gibt, sorgt er nicht nur für gesichertes Sitzen des Kernes, auch die Luft ist besser abzuführen und schließlich ist beim Putzen der Kern leichter aus dem Gußstück zu entfernen (Abb. 33).

Es ist natürlich nicht durchzuführen, daß jeder Konstrukteur erst eine jahrelange Praxis in der Gießerei durchmacht; er muß aber unbedingt mit den hauptsächlichsten Vorgängen bei der Gußherstellung vertraut sein und muß bei schwierigen Aufgaben den Gießereifachmann zu Rate ziehen. Eine Zeitlang drohte es Mode zu werden, von den Gießern den Abguß verwickelster Konstruktion zu verlangen, um Bearbeitung zu sparen. Es kann nur immer wieder geraten werden,

44   Das Fertigerzeugnis.

die Konstruktion so einfach wie möglich zu halten und lieber ein Gußstück aus zwei oder mehreren Teilen zusammenzusetzen. Nicht darauf kommt es an, eine hohe Formkunst zu entwickeln, an die man auf Kosten der Wirtschaftlichkeit die höchsten Ansprüche stellen kann, sondern auf die zweckmäßigste Erzeugung von Gußwaren mit niedrigsten Gestehungskosten.

Der Verein Deutscher Eisengießereien hat für den Konstrukteur eine Reihe von Konstruktionsregeln ausgearbeitet, die vom Ausschuß für wirtschaftliche Fertigung (AWF) herausgegeben sind, und mit dessen Genehmigung wie folgt wiedergegeben werden (siehe Seite 47 und 48).

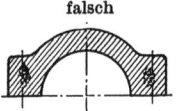 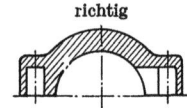

Abb. 32. Ausspannungen statt Anstufungen.

Vorzüge und neuere Verwendungen des Werkstoffes Gußeisen. Je gründlicher der Konstrukteur mit der Herstellung der verschiedenen Gußarten und ihren Eigenschaften vertraut ist, um so mehr wird er auch dem Werkstoff Gußeisen die Stellung einräumen, die ihm gebührt.

Eine hervorstechende Eigenschaft des Gußeisens ist seine große Widerstandsfähigkeit gegen Korrosion, namentlich gegen den zerstörenden Einfluß feuchter, atmosphärischer Luft. Gußeisen ist daher der bestgeeignetste Werkstoff für alle Gegenstände, die in der Praxis der Zerstörung durch Rost ausgesetzt sind.

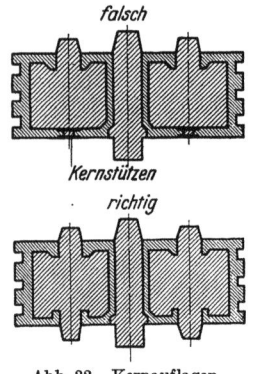

Abb. 33. Kernauflagen statt Kernstützen.

Der Versuch, Gußstücke durch geschweißte Konstruktionen zu ersetzen, hat nicht immer Erfolg gehabt, so bleibt die Widerstandsfähigkeit solcher Schweißkonstruktionen gegenüber dynamischen Beanspruchungen trotz großer Zerreißfestigkeit der Grundstoffe erheblich hinter derjenigen von Gußeisen zurück, so daß die geschweißten Konstruktionen bei Dauerbeanspruchungen durch eine große Anzahl Lastwechsel unterlegen sind. Auch in bezug auf die Dämpfungsfähigkeit von Schwingungen, die durch wechselseitige Stoßbeanspruchungen hervorgerufen sind, ist Gußeisen durchaus überlegen, was namentlich für die Verwendung schwerer Werkzeugmaschinenbetten sowie für umlaufende Maschinenteile eine besondere Bedeutung hat.

Sind übrigens große Flächen zu bearbeiten, so ist zu berücksichtigen, daß sich Gußeisen leichter bearbeiten läßt als Stahl. Die Werkzeugmaschinenindustrie weiß die Starrheit der gegossenen Maschinenteile gegenüber leichteren, geschweißten Teile zu schätzen, so daß aus diesem Grunde die Schweißerei im Werkzeugmaschinenbau kaum sehr weiten Eingang finden wird. Manche Werkstücke werden besser gegossen als geschweißt, um gleich Ölkanäle und dergleichen mit eingießen zu können; in anderen Fällen verwendet man lieber Gußstücke, wenn Lager unmittelbar in den Guß eingearbeitet werden sollen, überhaupt immer dann, wenn die Reibung eine Rolle spielt: die ist für Stahl auf Guß sehr günstig, für Stahl auf Stahl recht ungünstig.

Im Verbrennungsmotoren- und Kraftmaschinenbau wird es noch schwieriger sein, dem bewährten Gußeisen durch geschweißte Konstruktionen ernstlichen Wettbewerb zu bereiten. Gußeisen ist der geeignete Werkstoff für schnellaufende Maschinen, die Schwingungen auszuhalten haben: Es dämpft Beanspruchungen, die infolge von Erschütterungen auftreten. Deshalb werden sogar Wellen, Kurbeln und andere schnellaufende Maschinenteile, z. B. Automobil-Kurbelwellen, neuerdings wohl gegossen statt geschmiedet.

Über Erfahrungen hierbei in USA. wird berichtet[1]: Infolge Senkung der Beanspruchung der Kurbelwellen für den Kraftwagenbau durch die Verstärkung der Zapfendurchmesser und Wangen zur Erzielung besserer Laufeigenschaften und größerer Steifigkeit erschien die Verwendung gegossener Kurbelwellen möglich. Diese weisen gegenüber geschmiedeten Wellen eine Reihe wirtschaftlicher Vorteile auf, die vor allem bei der Verwendung von hochwertigem Gußeisen als Werkstoff gegeben sind. Dieses erscheint auf Grund seiner verhältnismäßig hohen Gestaltfestigkeit (geringe Kerbempfindlichkeit), seiner etwa in Höhe der Biegedauerfestigkeit, liegenden Verdrehdauerfestigkeit und seiner hohen Dämpfungsfähigkeit für die Herstellung von Nocken und Kurbelwellen geeignet. Weitere Vorteile des Gußeisens sind seine große Formgebungsmöglichkeit — besonders in Verbindung mit der Feststellung, daß die Dauerhaltbarkeit von dünnen Formelementen größer ist als die von dicken — seine hohe Verschleißfestigkeit und seine guten Laufeigenschaften.

Gußeiserne Nockenwellen werden in USA. zum Teil durch Spritzguß (Fertigguß) in metallischen Dauerformen aus hochlegiertem Gußeisen hergestellt. Um zu verhindern, daß die Gußstücke infolge der raschen Abkühlung in den Metallformen über den ganzen Querschnitt weiß erstarren, werden sie bei etwa 1100° aus den Formen herausgenommen und an der Luft weiter abgekühlt. Es werden automatische Gießmaschinen benutzt, in denen das flüssige Metall unter Druck steht. Vier Wellen werden gleichzeitig in einer Form von unten nach oben gegossen. Der Vorteil des Spritzgusses liegt darin, das die Gußstücke viel genauer aus der Form kommen als beim Sandguß und entsprechend weniger Nacharbeit erfordern. Weiterhin können die Gußstücke nach dem Entnehmen aus der Form ohne zusätzliche Aufwendung von Wärme sofort, wenn verlangt, warm behandelt werden. Als Zusammensetzungen werden angegeben: C-Gehalte von 2,5...3,5%, Si-Gehalte von 1...2,5%, Mn-Gehalte von 0,5...1% und Zusätze von Ni, Cr und Mo in Höhe von 0,2...1%.

Bei einem weiteren Spritzgußverfahren[2] soll das Gußeisen die übliche chemische Zusammensetzung haben, in seinen physikalischen Eigenschaften und in seiner Maßhaltigkeit Sandguß dagegen weit übertreffen. So soll die Festigkeit desselben Ausgangswerkstoffes bei Sandguß etwa 23 kg/mm², bei Spritzguß rund 37 kg/mm² betragen. Lunkerbildung und Gasblasen sollen ausgeschlossen sein. Es wird mit Druck von 1,5 kg/cm² gearbeitet.

Es bleibt abzuwarten, ob sich das Verfahren für den praktischen Betrieb bewährt, wozu in erster Linie die Schaffung von Spritzgußformen aus einem Stoff gehört, der eine dauerde Widerstandsfähigkeit gegen Hitze besitzt. Im vorliegenden Fall sollen die Formen aus einem gußeisernen Körper bestehen der mit Einsätzen aus kaltgewalztem Stahl versehen ist.

Ein anderes neues Anwendungsgebiet liegt im Straßenbau:

Für diesen Zweck hat neuerdings Schmid eine Konstruktion entwickelt, die es ermöglicht, mit einem Bruchteil des früher aufgewendeten Baustoffes eine bituminöse Straßendecke in vollkommner Weise zu bewehren.

Diese „eiserne Straße" teilt die Oberfläche in viele kleine Zellen auf, die zu Rosten von handlicher Größe zusammengefaßt sind. Die geringe Elastizität des Gußeisens und die absichtlich erzeugte rauhe Oberfläche verhüten, daß Bewegung in die Straßendecke kommt und daß sich der Füllstoff von dem Eisen-

---

[1] Cornelius und Bollenrath in „Gießerei" Heft 10 1936.
[2] Charles O. Herb in „Werkstatttechnik und Betriebsleiter" Heft 11 1936.

gerippe loslöst. Die besondere Konstruktion mutet den gußeisernen Rosten Aufgaben zu, die sie in sehr hohem Maße erfüllen können. Dabei ist vermieden, daß die besonderen Vorzüge elastischer Straßendecken ungünstig beeinträchtigt werden, vielmehr ist die Armierung so knapp bemessen, daß sie an der Oberfläche der Straße nicht sehr in Erscheinung tritt, dagegen aber die stärksten Schubkräfte in der Straßendecke aufnehmen und die Bildung von Wellen und Schlaglöchern unmöglich machen kann. Darüber hinaus schützt die Bewehrung die Straßendecke vor Abnutzung, so daß sie fast keiner Instandsetzung bedarf. Die gußeiserne Bewehrung gewährleistet eine dauernde Griffigkeit und damit Verkehrssicherheit der Straßendecke auch bei nassem Wetter und Glatteis.

Wenn es in den letzten Jahren bei Erörterung der Für und Wider den Anschein hatte, als ob sich Gußeisen auf diesem oder jenem Gebiet durch andere Werkstoffe verdrängen lasse, so lag das einmal daran, daß der Konstrukteur und Werkstoffbesteller mit den Eigenschaften und Eigenarten des Gußeisens nicht genügend vertraut waren, dann aber besonders am Eisengießer selbst, der eine Zeitlang in der Verbesserung seiner Erzeugnisse nicht Schritt hielt mit der Entwicklung anderer Werkstoffe. In der Neuzeit hat aber hierin ein erheblicher Wandel eingesetzt und es steht zu erwarten, daß sich der Werkstoff Gußeisen nicht nur kein weiteres Absatzgebiet entreißen läßt, sondern, wie bereits begonnen, neue hinzu erwirbt.

Betriebsblatt für Konstrukteure und Betriebsbeamte	Konstruktionsregeln für Grauguß	AWF 34

Allgemeines:
1. Der Konstrukteur soll mit den allgemeinen gießereitechnischen Gesichtspunkten vertraut sein.
2. Bei schwierigen Gußstücken vor Neukonstruktion stets mit dem Gießereifachmann beraten!
3. Auch bei Einzelkonstruktionen auf die Möglichkeit von Massenanfertigungen Rücksicht nehmen!
4. Große Gußstücke verwickelter Konstruktion besser aus mehreren Teilen anfertigen und zusammenbauen, da sonst Maßgenauigkeit nicht gewährleistet ist.
5. Insbesondere keine kleinen, überstehenden Maschinenteile, z. B. Lager, an große Gußstücke angießen, sondern anschrauben.
6. Beim Entwurf von großen Gußstücken für Einzelanfertigung darauf Rücksicht nehmen, daß die Form schabloniert werden kann (Drehkörper); hierdurch wird erheblich an Modellkosten gespart.

Stoffgerechter Entwurf:
7. Gußeisen bietet größte Beanspruchungsmöglichkeit auf Druck; die Beanspruchung auf Zug und Biegung liegt wesentlich darunter.
8. Mechanische Beanspruchung einzelner Teile genau vorschreiben; Wahl der Festigkeitsziffern keinesfalls dem Gießer überlassen!
9. Kernstützen sind möglichst zu vermeiden! Besonders gilt dies für Gußstücke, die hohen inneren Drücken ausgesetzt sind; bei feuer-, säure-, alkali-, seewasserfestem Guß müssen Kernstützen unbedingt vermieden werden; deshalb Anordnung von Kernen derart, daß Kernstützen überflüssig!

Formgerechter Entwurf:
10. Bei allen Gußstücken Möglichkeit zur Heraushebung des Modells vorsehen! Aushebeschräge so groß wie möglich und schon auf der Zeichnung angeben!
11. Unterschneidungen vermeiden!
12. Modellteilung möglichst einfach; keine mehrfachen Unterteilungen!
13. Teile, wie Augen, Knaggen, Rippen, wenn unvermeidlich, möglichst so ansetzen, daß sie fest am Modell sind und mit ihm herausgezogen werden können, damit Verschiebungen vermieden werden!
14. Kerne möglichst vermeiden! Häufig ist Rippenguß vorzuziehen, da billiger herstellbar als Hohlguß.
15. Bei notwendigen Kernen sorgen für:
    a) Sichere Auflage möglichst ohne Kernstützen, nötigenfalls Durchbrüche der Kerne anordnen, die gleichzeitig zur Luftabführung dienen!
    b) Ausreichende Luftabführung.
    c) Genügende Steifigkeit durch Kerneisen.
    d) Möglichkeit der Entfernung der Kernmasse und Kerneisen.
16. Zusammentreffen mehrerer Kerne möglichst vermeiden!
17. Kerne tunlichst derart gestalten, daß sie auf Kernformmaschinen hergestellt werden können!

Gießgerechter Entwurf:
18. Wandstärken und Querschnitte so bemessen, daß sie vom flüssigen Eisen leicht ausgefüllt werden können!

September 1926

19. Anordnung der Gußstücke möglichst derart, daß die Luft aus den Hohlräumen nach oben entweichen kann!
20. Die beim Guß oben liegende Seite der Gußstücke neigt mehr zu Undichtigkeiten und Blasenbildung als die unten liegende; also ist beim Guß die Seite nach oben zu legen, auf deren Dichtigkeit es am wenigsten ankommt. Achtung bei Modellteilung und Aushebeschräge!
21. Große, waagerecht zu gießende Flächen möglichst vermeiden.
22. Jede Werkstoffanhäufung ist zu vermeiden; sie führt zu Schwindungshohlräumen (Lunkern) und Spannungen. Achtung besonders bei Bearbeitungszugabe und Rippen!
23. Schroffe Übergänge vermeiden.
24. Rücksichtnahme auf Schwindung; keine Gußteile so gestalten, daß sie von festeingespannten Teilen beim Erkalten gezogen oder gedrückt werden können.
25. Besonders bei Motorzylindern die Austrittsorgane mit flachen und glatten Übergängen versehen, Ecken und scharfe Kanten vermeiden, da sie zu Reißen Anlaß geben.

Besondere Regeln zur Vermeidung von Lunkern und Spannungen.

26. Lunker, an sich unvermeidlich, soll dorthin gebracht werden, wo er nicht schadet, also in Trichter und verlorene Köpfe.
27. Lunker entstehen:
    a) in dicken Querschnitten der Gußstücke,
    b) bei ungünstiger Querschnittsausbildung,
    c) an Übergangsstellen und Rippen, an denen sich Werkstoff anhäuft,
    d) in Naben, Augen und an andern Stellen, an denen für das Bohren von Löchern Werkstoff zugegeben ist.
28. Spannungen und Risse entstehen durch ungleichmäßige Abkühlung infolge ungleichmäßiger Querschnitte; daher
    a) Stoffverteilung und Querschnitte so bemessen, daß alle Teile möglichst gleichmäßig erstarren,
    b) schroffe Übergänge vermeiden,
    c) Spannungen ausgleichen durch gewölbte Flächen und Linienbegrenzung.
29. Der Gießer kann in manchen Fällen durch allerhand Kniffe die Bildung von Lunkern und Spannungen vermeiden. Der Konstrukteur soll sich aber niemals auf diese Möglichkeit verlassen.

Putzgerechter Entwurf:

30. Außen- und Innenfläche des Gußstückes von allen Seiten für Putzwerkzeuge zugänglich machen; deshalb besonders bei Hohlkörpern; Kernöffnungen so anordnen und bemessen, daß die Kerne ohne besondere Schwierigkeiten und Kosten entfernt und die Hohlräume sauber geputzt werden können.
31. Modell- und Kernteilung derart anordnen, daß Teilfugen in einer Ebene liegen; dies erleichtert die Beseitigung der an den Teilstellen entstehenden Gratkanten und beeinflußt das Aussehen des Gußstückes günstig.

Ausgearbeitet vom Verein Deutscher Eisengießereien, Gießereiverband Düsseldorf.

Herausgegeben vom Ausschuß für wirtschaftliche Fertigung (AWF) beim Reichskuratorium für Wirtschaftlichkeit, Berlin.

Zu beziehen durch den Verein Deutscher Eisengießereien, Gießereiverband, Düsseldorf, Postschließfach 503, und den Beuth-Verlag GmbH., Berlin SW 19, Beuthstraße 8.

Copyright 1926 by AWF, Ausschuß für wirtschaftliche Fertigung.
Ganzer oder teilweiser Abdruck verboten.

Druckfehlerberichtigung.

Abb. 4 und Abb. 6 sind vertauscht worden: Abb. 4 stellt „fein verteilten Graphit“ und Abb. 6 „Ferrit“ dar.

Gilles, Gußeisen (W. B. 19).

Verlag von Julius Springer / Berlin

WERKSTATTBÜCHER
FÜR BETRIEBSBEAMTE, KONSTRUKTEURE U. FACHARBEITER

Bisher sind erschienen (Fortsetzung):

Heft 32: Die Brennstoffe.
Von Prof. Dr. techn. Erdmann Kothny.

Heft 33: Der Vorrichtungsbau.
1. Teil: Einteilung, Einzelheiten und konstruktive Grundsätze.
Von Fritz Grünhagen.

Heft 34: Werkstoffprüfung. (Metalle). 2. Aufl.
Von Prof. Dr.-Ing. P. Riebensahm und Dr.-Ing. L. Traeger.

Heft 35: Der Vorrichtungsbau. 2. Teil: Bearbeitungsbeispiele mit Reihen planmäßig konstruierter Vorrichtungen. Typische Einzelvorrichtungen.
Von Fritz Grünhagen.

Heft 36: Das Einrichten von Halbautomaten.
Von J. van Himbergen, A. Bleckmann, A. Waßmuth.

Heft 37: Modell- und Modellplattenherstellung für die Maschinenformerei.
Von Fr. und Fe. Brobeck.

Heft 38: Das Vorzeichnen im Kessel- und Apparatebau. Von Ing. Arno Dorl.

Heft 39: Die Herstellung roher Schrauben.
1. Teil: Anstauchen der Köpfe.
Von Ing. Jos. Berger.

Heft 40: Das Sägen der Metalle.
Von Dipl.-Ing. H. Hollaender.

Heft 41: Das Pressen der Metalle (Nichteisenmetalle). Von Dr.-Ing. A. Peter.

Heft 42: Der Vorrichtungsbau. 3. Teil: Wirtschaftliche Herstellung und Ausnutzung der Vorrichtungen.
Von Fritz Grünhagen.

Heft 43: Das Lichtbogenschweißen.
Von Dipl.-Ing. Ernst Klosse.

Heft 44: Stanztechnik. 1. Teil: Schnittechnik.
Von Dipl.-Ing. Erich Krabbe.

Heft 45: Nichteisenmetalle. 1. Teil: Kupfer, Messing, Bronze, Rotguß.
Von Dr.-Ing. R. Hinzmann.

Heft 46: Feilen.
Von Dr.-Ing. Bertold Buxbaum.

Heft 47: Zahnräder.
1. Teil: Aufzeichnen und Berechnen.
Von Dr.-Ing. Georg Karrass.

Heft 48: Öl im Betrieb.
Von Dr.-Ing. Karl Krekeler.

Heft 49: Farbspritzen.
Von Obering. Rud. Klose.

Heft 50: Die Werkzeugstähle.
Von Ing.-Chem. Hugo Herbers.

Heft 51: Spannen im Maschinenbau.
Von Ing. A. Klautke.

Heft 52: Technisches Rechnen.
Von Dr. phil. V. Happach.

Heft 53: Nichteisenmetalle. 2. Teil: Leichtmetalle. Von Dr.-Ing. R. Hinzmann.

Heft 54: Der Elektromotor für die Werkzeugmaschine.
Von Dipl.-Ing. Otto Weidling.

Heft 55: Die Getriebe der Werkzeugmaschinen. 1. Teil: Aufbau der Getriebe für Drehbewegungen.
Von Dipl.-Ing. Hans Rögnitz.

Heft 56: Freiformschmiede.
3. Teil: Einrichtung und Werkzeuge der Schmiede. 2. Aufl. (7.—12. Tausend.)
Von H. Stodt.

Heft 57: Stanztechnik.
2. Teil: Die Bauteile des Schnittes.
Von Dipl.-Ing. Erich Krabbe.

Heft 58: Gesenkschmiede. 2. Teil: Einrichtung und Betrieb der Gesenkschmieden.
Von Ing. H. Kaessberg.

In Vorbereitung bzw. unter der Presse befinden sich:

Gesenkschmiede III. Von Ing. Kaessberg.
Stanztechnik III. Von Dipl.-Ing. Erich Krabbe.
Stanztechnik IV. Von Dr.-Ing. Walter Sellin.
Zerspanbarkeit der Werkstoffe. Von Dr.-Ing. K. Krekeler.
Hartmetalle in der Werkstatt. Von Ing. F. W. Leier.

MIX
Papier aus verantwortungsvollen Quellen
Paper from responsible sources
FSC® C105338

If you have any concerns about our products,
you can contact us on
ProductSafety@springernature.com

In case Publisher is established outside the EU,
the EU authorized representative is:
**Springer Nature Customer Service Center GmbH
Europaplatz 3, 69115 Heidelberg, Germany**

Printed by Libri Plureos GmbH
in Hamburg, Germany